"十二五"职业教育国家规划教材
经全国职业教育教材审定委员会审定

职业教育"十三五"数字媒体应用人才培养规划教材

边做边学
Dreamweaver CS6
网页设计案例教程

第3版 | **微课版**

孟宪宁 / 主编

王伟 / 副主编

U0265107

人民邮电出版社
北京

图书在版编目（ＣＩＰ）数据

边做边学：Dreamweaver CS6网页设计案例教程：
微课版 / 孟宪宁主编. -- 3版. -- 北京：人民邮电出
版社，2020.6（2024.6重印）
职业教育"十三五"数字媒体应用人才培养规划教材
ISBN 978-7-115-53505-4

Ⅰ．①边… Ⅱ．①孟… Ⅲ．①网页制作工具－职业教
育－教材 Ⅳ．①TP393.092.2

中国版本图书馆CIP数据核字(2020)第037939号

内 容 提 要

本书全面系统地介绍 Dreamweaver CS6 的基本操作方法和网页设计制作技巧，包括初识
Dreamweaver CS6、文本和文档、图像和多媒体、超链接、使用表格、使用框架、使用层、CSS 样式、
模板和库、表单和行为、网页代码和综合设计实训。

本书以课堂案例为主线，通过各案例的实际操作，学生可以快速上手，熟悉软件功能和艺术设
计思路。书中的软件功能解析部分使学生能够更深入地学习软件功能。实战演练和综合演练可以拓
展学生的实际应用能力，提高学生的软件使用技巧。本书配套云盘包含了书中所有案例的素材及效
果文件，方便教师授课、学生练习。

本书可作为职业院校艺术类专业课程的教材，也可作为 Dreamweaver CS6 自学者的参考用书。

◆ 主　　编　孟宪宁

副 主 编　王 伟

责任编辑　马小霞

责任印制　王　郁　马振武

◆ 人民邮电出版社出版发行　　北京市丰台区成寿寺路 11 号

邮编　100164　电子邮件　315@ptpress.com.cn

网址　https://www.ptpress.com.cn

北京隆昌伟业印刷有限公司印刷

◆ 开本：787×1092　1/16

印张：15.75　　　　　　　　　2020 年 6 月第 3 版

字数：395 千字　　　　　　　2024 年 6 月北京第 13 次印刷

定价：49.80 元

读者服务热线：(010)81055256　印装质量热线：(010)81055316
反盗版热线：(010)81055315
广告经营许可证：京东市监广字20170147号

Dreamweaver CS6 是由 Adobe 公司开发的网页设计与制作软件。它的功能强大、易学易用，深受网页制作者和网页设计师的喜爱，已经成为网页设计与制作领域最流行的软件之一。目前，我国很多职业院校的艺术类专业，都将 Dreamweaver 列为一门重要的专业课程。为了帮助职业院校的教师全面、系统地讲授这门课程，使学生能够熟练使用 Dreamweaver 进行网页设计，我们邀请行业、企业专家和一线课程负责人一起，从人才培养目标方面做好整体设计，明确专业课程标准，强化专业技能培养，安排教材内容；根据岗位技能要求，引入了企业真实案例，重点建设了课程配套资源库和课程教学网站，通过"微课"等立体化的教学手段来支撑课堂教学。

本书全面贯彻党的二十大精神，以社会主义核心价值观为引领，传承中华优秀传统文化，坚定文化自信，使内容更好地体现时代性、把握规律性、富于创造性。

本书根据教育部最新教学大纲编写，在编写内容和结构上都做了精心的设计，同时配备了丰富的资源，以达到"十二五"职业教育国家规划教材的要求。

根据现代职业院校的教学方向和教学特色，我们对本书的编写体系做了精心的设计。每章按照"课堂实训案例－软件相关功能－实战演练－综合演练"这一思路编排，力求通过课堂实训案例演练，使学生快速熟悉网页设计理念和软件功能；通过软件相关功能解析，使学生深入学习软件功能和制作特色；通过课堂实战演练和课后综合演练，拓展学生的实际应用能力。

在内容编写方面，力求细致全面、重点突出；在文字叙述方面，注意言简意赅、通俗易懂；在案例选取方面，强调案例的针对性和实用性。

本书配套云盘包含了书中所有案例的素材及效果文件。另外，为方便教师教学，本书配备了详尽的课堂实战演练和课后综合演练的操作步骤文稿、PPT 课件、教学大纲，附送商业实训案例文件等丰富的教学资源，任课教师可登录人民邮电出版社人邮教育社区（www.ryjiaoyu.com）免费下载使用。本书的参考学时为 54 学时，各章的参考学时参见下面的学时分配表。

前 言

章　序	课　程　内　容	学 时 分 配
第 1 章	初识 Dreamweaver CS6	2
第 2 章	文本和文档	4
第 3 章	图像和多媒体	4
第 4 章	超链接	4
第 5 章	使用表格	6
第 6 章	使用框架	6
第 7 章	使用层	5
第 8 章	CSS 样式	5
第 9 章	模板和库	5
第 10 章	表单和行为	4
第 11 章	网页代码	4
第 12 章	综合设计实训	5
学 时 总 计		54

编　者

2023 年 5 月

目 录

Contents

目　录

Contents

目 录

Contents

目 录

Contents

目 录

01

第1章
初识 Dreamweaver CS6

网页是网站最基本的组成部分。网站之间并不是杂乱无章的，它们通过各种链接相互关联，从而描述相关的主题或实现相同的目的。本章讲述 Dreamweaver CS6 的工作界面、创建网站框架、网页文件设置、管理站点的方式等内容。

课堂学习目标

- ✔ 操作界面
- ✔ 创建网站框架
- ✔ 管理站点
- ✔ 网页文件头设置

1.1 操作界面

1.1.1 【操作目的】

通过打开文件和弹出属性面板命令，熟悉菜单栏的操作。通过链接选项改变链接文字的状态，熟悉 CSS 功能的应用方法。

1.1.2 【操作步骤】

步骤① 选择"文件 > 打开"命令，在弹出的"打开"对话框中，选择云盘中的"基础素材 > Ch01 > 在线留言网页 > index.html"文件，单击"打开"按钮打开文件，如图 1-1 所示。

步骤② 选择"修改 > 页面属性"命令，弹出"页面属性"对话框。在对话框左侧的"分类"列表框中选择"链接（CSS）"选项，单击"加粗"按钮 **B**，将"链接颜色"设为白色（#FFF），在"下划线样式"下拉列表中选择"始终无下划线"选项，如图 1-2 所示。

图 1-1　　　　　　　　　　　　　图 1-2

步骤③ 单击"确定"按钮，链接文字发生变化，效果如图 1-3 所示。保存文档，按 F12 键预览效果，如图 1-4 所示。

图 1-3　　　　　　　　　　　　　图 1-4

1.1.3 【相关工具】

1. 开始页面

启动 Dreamweaver CS6 后，首先看到的画面是开始页面，供用户选择新建文件的类型，或打开已有的文档等，如图 1-5 所示。

如果不想显示开始页面，可选择"编辑 > 首选参数"命令，或按 Ctrl+U 组合键，在弹出的"首选参数"对话框中取消选择"显示欢迎屏幕"复选框，如图 1-6 所示。单击"确定"按钮完成设置。用户再次启动 Dreamweaver CS6 时，将不再显示开始页面。

图 1-5   图 1-6

2. 不同风格的界面

Dreamweaver CS6 的操作界面新颖淡雅，布局紧凑，为用户提供了一个轻松、愉悦的开发环境。

若用户想修改操作界面的风格，切换到自己熟悉的开发环境，可选择"窗口 > 工作区布局"命令，弹出其子菜单，如图 1-7 所示，在子菜单中选择其中的一种界面风格，页面会发生相应的改变。

3. 伸缩自如的功能面板

在浮动面板的右上角单击▼≡按钮，可以隐藏或展开面板，如图 1-8 所示。

如果用户觉得工作区不够大，可以将鼠标指针放在文

图 1-7

档编辑窗口右侧与面板交界的框线处，当鼠标指针呈双向箭头时，拖曳鼠标，调整工作区的大小，如图 1-9 所示。若用户需要更大的工作区，可以将面板隐藏。

图 1-8   图 1-9

4. 多文档的编辑界面

Dreamweaver CS6 提供了多文档的编辑界面，将多个文档整合在一起，方便用户在各个文档之间切换，如图1-10 所示。用户可以单击文档编辑窗口上方的选项卡，切换到相应的文档。通过多文档的编辑界面，用户可以同时编辑多个文档。

5. "插入"面板

Dreamweaver CS6 的"插入"面板在菜单栏的下方，如图1-11 所示。

图1-10

图1-11

6. 更完整的 CSS 功能

传统的 HTML 提供的样式及排版功能非常有限，因此，现在复杂的网页版面主要靠 CSS 样式来实现。而 CSS 样式表的功能较多，语法比较复杂，需要一个很好的工具软件有条不紊地整理复杂的 CSS 源代码，并适时地提供辅助说明。Dreamweaver CS6 就提供了这种方便有效的 CSS 功能。

"属性"面板提供了 CSS 功能。用户可以通过"属性"面板中的"类"下拉列表对所选的对象应用样式或创建和编辑样式，如图 1-12 所示。若某些文字应用了自定义样式，当用户调整这些文字的属性时，会自动生成新的 CSS 样式。

图1-12

"页面属性"按钮也提供了 CSS 功能。单击"页面属性"按钮，弹出"页面属性"对话框，如图 1-13 所示。用户可以在"分类"列表框中选择"链接（CSS）"选项，在"下划线样式"下拉列表中设置超链接的样式，这个设置会自动转化成 CSS 样式，如图 1-14 所示。

图1-13

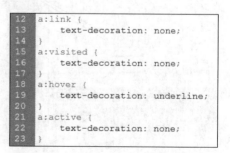

图1-14

Dreamweaver CS6 除了提供图 1-15 所示的"CSS 样式"面板外，还提供图 1-16 所示的"CSS 样式"面板。在"CSS 样式"面板中，用户可轻松地查看规则的属性设置，并可快速修改嵌入当前文档或通过附加的样式表链接的 CSS 样式。可编辑的网格使用户可以更改显示的属性值，对所做的更改，系统都将立即应用，用户可以在操作的同时预览效果。

图 1-15

图 1-16

1.2　创建网站框架

1.2.1　【操作目的】

通过打开效果文件，熟练掌握打开命令。通过复制效果，熟练掌握新建命令。通过关闭新建文件，熟练掌握保存和关闭命令。

1.2.2　【操作步骤】

步骤❶ 打开 Dreamweaver CS6，选择"文件 > 打开"命令，弹出"打开"对话框，如图 1-17 所示。选择云盘中的"基础素材 > Ch01 > 时尚美发网页 > index.html"文件，单击"打开"按钮打开文件，如图 1-18 所示。

图 1-17

图 1-18

步骤❷ 按 Ctrl+A 组合键，选择网页全部元素，如图 1-19 所示。按 Ctrl+C 组合键复制图形。选择"文件 > 新建"命令，在弹出的"新建文档"对话框中进行设置，如图 1-20 所示。

图 1-19　　　　　　　　　　　　　　　　图 1-20

步骤 ③ 单击"创建"按钮，创建一个空白文档，如图 1-21 所示。选择"文件 > 保存"命令，弹出"另存为"对话框，在"文件名"文本框中输入名称，如图 1-22 所示，单击"保存"按钮保存文件。

图 1-21　　　　　　　　　　　　　　　　图 1-22

步骤 ④ 按 Ctrl+V 组合键，将网页元素粘贴到新建的空白文档中，效果如图 1-23 所示。单击页面标题右上角的 ⊠ 按钮，弹出提示框，如图 1-24 所示。单击"是"按钮关闭提示框。再次单击绘图窗口右上角的 ⊠ 按钮，关闭打开的"index.html"文件。单击标题栏右上角的"关闭"按钮 ✕ ，可关闭软件。

图 1-23　　　　　　　　　　　　　　　　图 1-24

1.2.3 【相关工具】

创建站点后，用户需要创建网页来组织要展示的内容。合理的网页名称非常重要，一般网页文件的名称应容易理解，并能反映网页的内容。

网站有一个特殊的网页是首页，每个网站都必须有一个首页。访问者在浏览器的地址栏中输入网站地址，如输入"www.sina.com.cn"时，会自动打开新浪网的首页。一般情况下，首页的文件名为"index.htm""index.html""index.asp""default.asp""default.htm"或"default.html"。

在标准的 Dreamweaver CS6 环境下，建立和保存网页的具体操作步骤如下。

步骤① 选择"文件 > 新建"命令，弹出"新建文档"对话框，选择"空白页"选项，在"页面类型"列表框中选择"HTML"选项，在"布局"列表框中选择"无"选项，如图 1-25 所示。

步骤② 单击"创建"按钮，弹出"文档"窗口，创建新的空白文档，并在该窗口中打开，如图 1-26所示。根据需要，在"文档"窗口中选择不同的视图设计网页。

图 1-25   图 1-26

"文档"窗口中有 3 种视图方式，这 3 种视图方式的作用如下。

"代码"视图：有编程经验的网页设计用户，可在"代码"视图中查看、修改和编写网页代码，以实现特殊的网页效果。"代码"视图的效果如图 1-27 所示。

"设计"视图：以所见即所得的方式显示所有网页元素。"设计"视图的效果如图 1-28 所示。

图 1-27   图 1-28

"拆分"视图：将文档窗口分为左、右两部分，左侧是代码部分，显示代码；右侧是设计部分，显示网页元素及其在页面中的布局。在此视图中，用户通过在设计部分单击网页元素的方式，快速定位到要修改的网页元素代码的位置修改代码，或在"属性"面板中修改网页元素的属性。"拆分"视图的效果如图 1-29 所示。

步骤③ 网页设计完成后，选择"文件 > 保存"命令，弹出"另存为"对话框，在"文件名"文本框中输入网页的名称，如图 1-30 所示。单击"保存"按钮，将该文档保存在站点文件夹中。

图 1-29　　　　　　　　　　　　　　　　图 1-30

1.3　管理站点

1.3.1　【操作目的】

通过站点管理命令，熟练掌握创建站点的方法。通过新建站点，熟练掌握创建站点根目录的过程。

1.3.2　【操作步骤】

步骤① 选择"窗口 > 文件"命令，弹出"文件"面板，如图 1-31 所示。在"管理站点"下拉列表中选择"管理站点"选项，如图 1-32 所示，弹出"管理站点"对话框，单击"新建"按钮，弹出"站点设置对象　文稿素材"对话框，在左侧列表中选择"站点"选项，在"站点名称"文本框中输入站点名称，如图 1-33 所示。

图 1-31　　　　　　　图 1-32　　　　　　　　　　　图 1-33

步骤② 单击"本地站点文件夹"选项右侧的"浏览文件"按钮，在弹出的对话框中选择需要的在本地磁盘中存储的站点文件，单击"选择"按钮，返回对话框，如图 1-34 所示。单击"保存"按钮，返回"管理站点"对话框，如图 1-35 所示。

图 1-34   图 1-35

步骤❸ 单击"完成"按钮，站点定义完成，"文件"面板如图 1-36 所示。在站点中选择"基础素材 > Ch01 >鲜花速递网页 > index.html"文件，如图 1-37 所示，双击鼠标打开文件，如图 1-38 所示。

图 1-36   图 1-37   图 1-38

步骤❹ 按 Ctrl+J 组合键，在弹出的"页面属性"对话框中进行设置，如图 1-39 所示，单击"确定"按钮。保存文档，按 F12 键预览效果，如图 1-40 所示。

图 1-39   图 1-40

1.3.3 【相关工具】

1. 站点管理器

站点管理器的主要功能包括新建站点、编辑站点、复制站点、删除站点以及导入和导出站点。要管理站点，必须先打开"管理站点"对话框。

打开"管理站点"对话框有以下两种方法。

① 选择"站点 > 管理站点"命令。

② 选择"窗口 > 文件"命令，或按 F8 键，弹出"文件"面板，如图 1-41 所示，在"管理站点"下拉列表中选择"管理站点"选项，如图 1-42 所示。

在"管理站点"对话框中，通过"新建站点""编辑当前选定的站点""复制当前选定的站点"和"删除当前选定的站点"按钮，可以新建一个站点、修改选择的站点、复制选择的站点、删除选择的站点。通过对话框中的"导出当前选定的站点""导入站点"按钮，可以将站点导出为".ste"格式文件，再将其导入 Dreamweaver CS6。这样，用户就可以在不同的计算机和产品版本之间移动站点，或者与其他用户共享站点，如图 1-43 所示。

图 1-41　　　　　　图 1-42　　　　　　　　　　　　图 1-43

在"管理站点"对话框中，选择一个具体的站点，然后单击"完成"按钮，就会在"文件"面板的"文件"选项卡中出现站点管理器的缩略图。

◎ 编辑站点

有时用户需要修改站点的一些设置，此时需要编辑站点。例如，修改站点的默认图像文件夹的路径，具体操作步骤如下。

步骤① 选择"站点 > 管理站点"命令，弹出"管理站点"对话框。

步骤② 在对话框中，选择要编辑的站点，单击"编辑当前选定的站点"按钮，弹出"站点设置对象 Dreamweaver CS6 基础"对话框，选择"高级设置"选项下的"本地信息"选项，此时可根据需要修改，如图 1-44 所示。单击"保存"按钮完成设置，返回"管理站点"对话框。

图 1-44

步骤③ 如果不需要修改其他站点，可单击"完成"按钮关闭"管理站点"对话框。

◎ 复制站点

复制站点可省去重复建立多个结构相同站点的步骤，提高用户的工作效率。在"管理站点"对话框中可以复制站点，具体操作步骤如下。

步骤① 在"管理站点"对话框的站点列表中选择要复制的站点，单击"复制当前选定的站点"按钮进行复制。

步骤② 双击新复制出的站点，在弹出的"站点设置对象"对话框中更改新站点的名称。

◎ 删除站点

删除站点只是删除 Dreamweaver CS6 与本地站点间的关系，而本地站点包含的文件和文件夹仍然保存在磁盘原来的位置。换句话说，删除站点后，虽然站点文件夹保存在计算机中，但在 Dreamweaver CS6 中已经不存在此站点。例如，按下列步骤删除站点后，在"管理站点"对话框中，不存在该站点的名称。

在"管理站点"对话框中删除站点的具体操作步骤如下。

步骤① 在"管理站点"对话框的站点列表中选择要删除的站点。

步骤② 单击"删除当前选定的站点"按钮，即可删除选择的站点。

◎ 导出站点

步骤① 选择"站点 > 管理站点"命令，弹出"管理站点"对话框。在对话框中选择要导出的站点，单击"导出当前选定的站点"按钮，弹出"导出站点"对话框。

步骤② 在该对话框中浏览并选择保存该站点的路径，如图 1-45 所示，单击"保存"按钮，保存扩展名为".ste"的文件。

步骤③ 单击"完成"按钮，关闭"管理站点"对话框，完成导出站点的设置。

图 1-45

◎ 导入站点

导入站点的具体操作步骤如下。

步骤① 选择"站点 > 管理站点"命令，弹出"管理站点"对话框。

步骤② 在对话框中单击"导入站点"按钮，弹出"导入站点"对话框，浏览并选择要导入的站点，如图 1-46 所示，单击"打开"按钮，站点被导入，如图 1-47 所示。

步骤③ 单击"完成"按钮，关闭"管理站点"对话框，完成导入站点的设置。

图 1-46

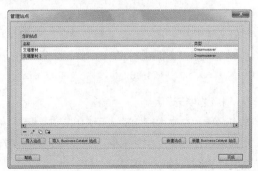

图 1-47

2．创建文件夹

建立站点前，要先在站点管理器中创建站点文件夹。

新建文件夹的具体操作步骤如下。

步骤❶ 在本地磁盘中选择要建立站点的位置。

步骤❷ 通过以下两种方法新建文件夹。

① 选择"文件 ＞ 新建 ＞ 文件夹"命令。

② 单击鼠标右键，在弹出的快捷菜单中选择"新建 ＞ 文件夹"命令。

步骤❸ 输入新文件夹的名称。

一般情况下，若站点不复杂，可直接将网页存放在站点的根目录下，并在站点根目录中，按照资源的种类建立不同的文件夹存放不同的资源。例如，image 文件夹存放站点的图像文件，media 文件夹存放站点的多媒体文件等。若站点复杂，需要根据实现不同功能的板块，在站点根目录中按板块创建子文件夹存放不同的网页，以方便网站设计者修改网站。

3．定义新站点

建立好站点文件夹后，用户就可定义新站点了。在 Dreamweaver CS6 中，站点通常包含两部分，即本地站点和远程站点。本地站点是本地计算机上的一组文件，远程站点是远程 Web 服务器上的一个位置。用户将本地站点中的文件发布到网络的远程站点，使公众可以访问它们。在 Dreamweaver CS6 中创建网页站点，通常先在本地磁盘上创建本地站点，然后创建远程站点，再将这些网页的副本上传到一个远程 Web 服务器上，使公众可以访问它们。

◎ 创建本地站点的步骤

步骤❶ 选择"站点 ＞ 管理站点"命令，弹出"管理站点"对话框，如图 1-48 所示。

步骤❷ 在对话框中单击"新建站点"按钮，弹出"站点设置对象 未命名站点 2"对话框。在对话框中，通过"高级设置"选项可建立不同的站点，对于熟练的设计者，通常在"站点"选项设置站点。用户根据个人需要设置站点，如图 1-49 所示。

图1-48

图1-49

◎ 站点选项的作用

站点名称：在文本框中输入用户自定的站点名称。

本地站点文件夹：在文本框中输入本地磁盘中存储的站点文件、模板和库项目的文件夹名称，或者单击文件夹图标查找到该文件夹。

1.4 网页文件头设置

1.4.1 【操作目的】

通过刷新命令，熟练掌握如何使用该命令制作网页自动刷新效果。

1.4.2 【操作步骤】

步骤① 选择"文件 > 打开"命令，在弹出的"打开"对话框中，选择云盘中的"基础素材 > Ch01 > 手机导航网页 > index.html"文件，单击"打开"按钮打开文件，如图 1-50 所示。

步骤② 选择"插入 > HTML > 文件头标签 > 刷新"命令，弹出"刷新"对话框，将"延迟"设为 60s，在"操作"选项组中选择"刷新此文档"单选按钮，如图 1-51 所示。

图 1-50

图 1-51

步骤③ 单击"确定"按钮，在"代码"视图窗口中显示如图 1-52 所示。保存文档，按 F12 键预览效果，每过 60s，页面会自动刷新一次，如图 1-53 所示。

```
12  </style>
13  <meta http-equiv="refresh" content="60">
14  </head>
```

图 1-52

图 1-53

1.4.3 【相关工具】

1. 插入搜索关键字

因为在万维网上通过搜索引擎查找资料时，搜索引擎会自动读取网页中<meta>标签的内容，所以网页的搜索关键字非常重要，它可以间接地宣传网站，提高访问量。但搜索关键字并不是字数越多越好，因为有些搜索引擎限制搜索关键字或字符的数目，超过了限制的数目时，它将忽略所有的关键字，所以最好只使用几个精选的关键字。一般情况下，关键字是对网页的主题、内容、风格或作者等内容的概括。

设置网页搜索关键字的具体操作步骤如下。

步骤① 选择"插入 > HTML > 文件头标签 > 关键字"命令，弹出"关键字"对话框，如图 1-54 所示。

步骤② 在"关键字"对话框中输入相应的中文或英文关键字，但注意，多个关键字之间要用半角的逗号分隔。设定关键字为"爱心"，如图 1-55 所示，单击"确定"按钮完成设置。

图 1-54　　　　　　　　　　　　　　　图 1-55

步骤③ 此时，观察"代码"视图，发现\<head\>标签内多了下述代码。

"\<meta name="keywords" content="爱心"\>"

同样，还可以通过\<meta\>标签设置搜索关键字，具体操作步骤如下。

选择"插入 > HTML > 文件头标签 > Meta"命令，弹出"META"对话框。在"属性"下拉列表中选择"名称"，在"值"文本框中输入"keywords"，在"内容"文本框中输入关键字信息，如图 1-56 所示。设置完成后单击"确定"按钮，可在"代码"视图中查看相应的 HTML 标签。

2. 插入作者和版权信息

要设置网页中的作者和版权信息，可选择"插入 > HTML > 文件头标签 > Meta"命令，弹出"META"对话框。在"值"文本框中输入"/ x.Copyright"，在"内容"文本框中输入作者名称和版权信息，如图 1-57 所示，完成后单击"确定"按钮。

图 1-56　　　　　　　　　　　　　　　图 1-57

此时，在"代码"视图中的\<head\>标签内可以看到相应的 HTML 标签。

"\<meta name="/ x.Copyright" content="作者: 左龙_右虎 版权归: 新架构"\>"

3. 设置刷新时间

要指定载入页面刷新或者转到其他页面的时间，可设置文件头部的刷新时间，具体操作步骤如下。

步骤① 选择"插入 > HTML > 文件头标签 > 刷新"命令，弹出"刷新"对话框，如图 1-58 所示。"刷新"对话框中各选项的作用如下。

延迟：设置浏览器刷新页面之前需要等待的时间，以秒为单位。若要浏览器在完成载入后立即刷新页面，则在文本框中输入"0"。

"操作"选项组:指定在规定的延迟时间后,浏览器是转到另一个 URL,还是刷新当前页面。若要打开另一个 URL 而不刷新当前页面,应单击"浏览"按钮,选择要载入的页面。

如果想显示在线人员列表或浮动框架中的动态文档,可以指定浏览器定时刷新当前打开的网页,实时地反映在线或离线用户,以及动态文档实时改变的信息。

步骤❷ 在"刷新"对话框中设置刷新时间。

例如,将网页设定为每隔 60s 自动刷新,如图 1-59 所示。

此时,在"代码"视图中的<head>标签内可以看到相应的 HTML 标签。

`"<meta http-equiv="refresh" content="60;URL=">"`

图 1-58   图 1-59

同样,还可以通过<meta>标签设置刷新时间,如图 1-60 所示。

如果想设置浏览引导主页 10s 后自动打开主页,可在引导主页的"刷新"对话框中进行如图 1-61 所示的设置。

图 1-60   图 1-61

4. 设置描述信息

搜索引擎也可通过读取<meta> 标签的说明内容来查找信息,但说明信息主要是设计者对网页内容的详细说明,而关键字可以让搜索引擎尽快搜索到网页。设置网页说明信息的具体操作步骤如下。

步骤❶ 选择"插入 > HTML > 文件头标签 > 说明"命令,弹出"说明"对话框。

步骤❷ 在"说明"对话框中设置说明信息。

例如,在网页中设置为网站设计者提供"利用 PHP 脚本,按用户需求进行查询"的说明信息,如图 1-62 所示。

此时,在"代码"视图中的<head>标签内可以看到相应的 HTML 标签。

`"<meta name="description" content="利用 PHP 脚本,按用户需求进行查询">"`

同样,还可以通过<meta>标签设置描述信息,如图 1-63 所示。

5. 设置页面中所有链接的基准链接

基准链接类似于相对路径,若要设置网页文档中所有链接都以某个链接为基准,可添加一个基准链接,但其他网页的链接与此页的基准链接无关。设置基准链接的具体操作步骤如下。

图1-62 图1-63

步骤❶ 选择"插入 > HTML > 文件头标签 > 基础"命令，弹出"基础"对话框。

步骤❷ 在"基础"对话框中设置"HREF"和"目标"两个选项。

HREF：设置页面中所有链接的基准链接。

目标：指定所有链接的文档都应在哪个框架或窗口中打开。

例如，当前页面中的所有链接都以"http://www.ptpress.com.cn"为基准链接，而不是本服务器的 URL 地址，则"基础"对话框中的设置如图 1-64 所示。

此时，在"代码"视图中的<head>标签内可以看到相应的 HTML 标签："<base href="http://www.ptpress.com.cn">"。

一般情况下，在网页的头部插入基准链接不带有普遍性，只是针对个别网页而言。只有个别网页需要临时改变服务器域名和 IP 地址时，才在其文件头部插入基准链接。当需要大量、长久地改变链接时，最好在站点管理器中完成。

6. 设置当前文档与其他文件的关系

<head> 部分的<link>标签可以定义当前文档与其他文件之间的关系，它与 <body> 部分中文档之间的 HTML 链接是不同的，设置当前文档与其他文件之间关系的具体操作步骤如下。

步骤❶ 选择"插入记录 > HTML > 文件头标签 > 链接"命令，弹出"链接"对话框，如图 1-65 所示。

步骤❷ 在"链接"对话框中设置相应的选项。

图1-64 图1-65

HREF：用于定义与当前文档相关联文件的 URL。它并不表示通常 HTML 意义上的链接文件，链接元素中指定的关系更复杂。

ID：为链接指定一个唯一的标志符。

标题：用于描述关系。该属性与链接的样式表有特别的关系。

Rel：指定当前文档与"HREF"选项中文档之间的关系。其值包括替代、样式表、开始、下一步、上一步、内容、索引、术语、版权、章、节、小节、附录、帮助和书签。若要指定多个关系，则用空格将各个值隔开。

Rev：指定当前文档与"HREF"选项中文档之间的相反关系，与"Rel"选项相对。其值与"Rel"选项的值相同。

02 第 2 章
文本和文档

不管网页内容如何丰富，文本自始至终都是网页最基本的元素。由于文本具有产生的信息量大，输入、编辑方便，并且生成的文件小，容易被浏览器下载，不会占用太多的等待时间等优点，所以，掌握好文本的使用，是制作网页最基本的要求。

课堂学习目标

- ✔ 文本与文档
- ✔ 水平线、网格与标尺
- ✔ 项目列表和编号列表

2.1 轩宇门窗网页

2.1.1 【案例分析】

本例将设计制作门窗网页，在设计风格上要表现出公司的特色。

2.1.2 【设计理念】

使用大幅门窗照片作为网页背景，使视觉效果宽广、清晰。下方的区域为内容显示区域，使用黄色的横条在背景上突出显示，便于浏览。品牌标志放置在网页的右上角，与上方大面积的空白区域形成对比，使小标志更加突出。最终效果参看云盘中的"Ch02 > 效果 > 轩宇门窗网页 > index.html"，如图 2-1 所示。

微课：轩宇
门窗网页

图 2-1

2.1.3 【操作步骤】

1. 设置页面属性

步骤 ① 选择"文件 > 打开"命令，在弹出的"打开"对话框中，选择云盘中的"Ch02 > 素材 > 轩宇门窗网页 > index.html"文件，单击"打开"按钮打开文档，如图 2-2 所示。

步骤 ② 选择"修改 > 页面属性"命令，弹出"页面属性"对话框。在左侧的"分类"列表框中选择"外观（CSS）"选项，将右侧的"页面字体"设为"微软雅黑"，"大小"设为 12，"左边距""右边距""上边距""下边距"均设为 0，如图 2-3 所示。

图 2-2   图 2-3

步骤 ③ 在左侧的"分类"列表框中选择"标题/编码"选项，在"标题"文本框中输入"轩字门窗网页"，如图 2-4 所示，单击"确定"按钮，完成页面属性的设置，效果如图 2-5 所示。

图 2-4　　　　　　　　　　　　　　　　　　　图 2-5

2. 输入空格和文字

步骤 ① 选择"编辑 > 首选参数"命令，弹出"首选参数"对话框，在左侧的"分类"列表框中选择"常规"选项，在右侧的"编辑选项"选项组中勾选"允许多个连续的空格"复选框，如图 2-6 所示，单击"确定"按钮完成设置。

步骤 ② 将光标置入图 2-7 所示的单元格中。在光标所在位置输入文字"首页"，如图 2-8 所示。

图 2-6　　　　　　　　　　　图 2-7　　　　　　　　　　图 2-8

步骤 ③ 按 4 次 Space 键输入空格，如图 2-9 所示。在光标所在的位置输入文字"关于我们"，如图 2-10 所示。用相同的方法输入其他文字，效果如图 2-11 所示。

图 2-9　　　　　　　　　　图 2-10

图 2-11

步骤④ 选择"窗口 > CSS 样式"命令，或按 Shift+F11 组合键，弹出"CSS 样式"面板，单击"CSS 样式"面板下方的"新建 CSS 规则"按钮 ，在弹出的"新建 CSS 规则"对话框中进行设置，如图 2-12 所示，单击"确定"按钮，在弹出的".text 的 CSS 规则定义"对话框中进行设置，如图 2-13 所示，单击"确定"按钮，完成样式的创建。

图 2-12

图 2-13

步骤⑤ 选中图 2-14 所示的文字，在"属性"面板的"类"下拉列表中选择"text"选项，应用样式，效果如图 2-15 所示。

图 2-14

图 2-15

步骤⑥ 将光标置入图 2-16 所示的单元格中。选择"编辑 > 首选参数"命令，弹出"首选参数"对话框，在左侧的"分类"列表框中选择"不可见元素"选项，勾选"换行符"复选框，如图 2-17 所示，单击"确定"按钮完成设置。

图 2-16   图 2-17

步骤⑦ 在光标所在的位置输入文字"中华轩宇门窗　里外皆风景",如图 2-18 所示。按 Shift+Enter 组合键,将光标切换至下一行,如图 2-19 所示,输入文字"专注于门窗的设计、研发与销售,为人类提供优质、环保、舒适、温馨的生活环境",如图 2-20 所示。

图 2-18   图 2-19   图 2-20

步骤⑧ 选择"窗口 > CSS 样式"命令,弹出"CSS 样式"面板,单击面板下方的"新建 CSS 规则"按钮，在弹出的"新建 CSS 规则"对话框中进行设置,如图 2-21 所示,单击"确定"按钮,在弹出的".text2 的 CSS 规则定义"对话框中进行设置,如图 2-22 所示,单击"确定"按钮,完成样式的创建。

图 2-21   图 2-22

步骤⑨ 选中图 2-23 所示的文字,在"属性"面板的"类"下拉列表中选择"text2"选项,应用样式,效果如图 2-24 所示。选中图 2-25 所示的文字。

步骤⑩ 在"属性"面板"目标规则"下拉列表中选择"<内联样式>"选项,其他选项的设置如图 2-26 所示,效果如图 2-27 所示。

图 2-23　　　　　　　　　图 2-24　　　　　　　　　图 2-25

图 2-26　　　　　　　　　　　　　　　图 2-27

步骤 ⑪ 保存文档，按 F12 键预览效果，如图 2-28 所示。

图 2-28

2.1.4 【相关工具】

1. 输入文本

应用 Dreamweaver CS6 编辑网页时，在文档窗口中，光标为默认显示状态。要添加文本，首先将光标移动到文档窗口中的编辑区域，然后直接输入文本，就像在其他文本编辑器中一样。打开一个文档，在文档中单击鼠标左键，将光标置于其中，然后在光标处输入文本，如图 2-29 所示。

图 2-29

　　除了直接输入文本外，也可将其他文档中的文本复制后，粘贴到当前的文档中。需要注意的是，粘贴文本到 Dreamweaver CS6 的文档窗口后，该文本不会保持原有的格式，但是会保留原来文本中的段落格式。

2. 设置文本属性

利用文本属性可以方便地修改选中文本的字体、字号、样式、对齐方式等，以获得预期的效果。

选择"窗口 > 属性"命令，或按 Ctrl+F3 组合键，弹出"属性"面板，在 HTML 和 CSS 属性面板中都可以设置文本的属性，如图 2-30 和图 2-31 所示。

图 2-30

图 2-31

"属性"面板中，各选项的含义如下。

"项目列表"按钮 ⋮≡ 、"编号列表"按钮 ⋮≡ ：分别用于设置段落的项目符号和编号。

"删除内缩区块"按钮 ≛ 、"内缩区块"按钮 ≛ ：分别用于设置段落文本向右凸出和向左缩进一定距离。

"目标规则"下拉列表：设置已定义的或引用的 CSS 样式为文本的样式。

"字体"下拉列表：设置文本的字体组合。

"大小"下拉列表：设置文本的字号。

"文本颜色"按钮 □ ：设置文本的颜色。

"粗体"按钮 B 、"斜体"按钮 I ：设置文字格式。

"左对齐"按钮 ≣ 、"居中对齐"按钮 ≣ 、"右对齐"按钮 ≣ 、"两端对齐"按钮 ≣ ：设置段落在网页中的对齐方式。

3. 输入连续的空格

在默认状态下，Dreamweaver CS6 只允许输入一个空格，要输入连续多个空格，则需要设置或通过特定操作才能实现。

◎ 设置"首选参数"对话框

步骤① 选择"编辑 > 首选参数"命令，弹出"首选参数"对话框，如图 2-32 所示。

步骤② 在"首选参数"对话框左侧的"分类"列表框中选择"常规"选项，在右侧的"编辑选项"选项组中勾选"允许多个连续的空格"复选框，单击"确定"按钮完成设置。此时，用户可连续按 Space 键在文档编辑区内输入多个空格。

图 2-32

◎ 直接插入多个连续空格

在 Dreamweaver CS6 中插入多个连续空格，有以下几种方法。

① 在"插入"面板"文本"选项卡中，单击"字符"展开式按钮 ，选择"不换行空格"按钮 。

② 选择"插入记录 > HTML > 特殊字符 > 不换行空格"命令，或按 Ctrl+Shift+Space 组合键。

③ 将输入法切换到中文的全角状态下，按空格键可输入连续空格。

4. 设置是否显示不可见元素

在网页的"设计"视图中，有一些元素仅用来标志该元素的位置，而在浏览器中是不可见的。例如，脚本图标用来标志文档正文中的 JavaScript 或 VbScript 代码的位置，换行符图标用来标志每个换行符
 的位置等。在设计网页时，为了快速找到这些不可见元素的位置，常常改变这些元素在设计视图中的可见性。

显示或隐藏某些不可见元素的具体操作步骤如下。

步骤① 选择"编辑 > 首选参数"命令，弹出"首选参数"对话框。

步骤② 在"首选参数"对话框左侧的"分类"列表框中选择"不可见元素"选项，根据需要选择或取消选择右侧"显示"选项组中的多个复选框，以显示或隐藏不可见元素，如图 2-33 所示，单击"确定"按钮完成设置。

最常用的不可见元素是换行符、脚本、命名锚记、AP 元素的锚点和表单隐藏区域，一般将它们设为可见。

虽然在"首选参数"对话框中设置某些不可见元素为显示的状态，但在网页的"设计"视图中看不见这些不可见元素。为了解决这个问题，选择"查看 > 可视化助理 > 不可见元素"命令，显示不可见元素，效果如图 2-34 所示。

图 2-33

图 2-34

要在网页中添加换行符不能只按 Enter 键，而要按 Shift+Enter 组合键。

5. 设置页边距

按照文档的书写规则，正文与页面四周需要留有一定的距离，这个距离叫作页边距。网页设计也是如此，在默认状态下，文档的上、下、左、右边距不为零。

修改页边距的具体操作步骤如下。

步骤① 选择"修改 > 页面属性"命令，或按 Ctrl+J 组合键，弹出"页面属性"对话框，如图 2-35 所示。

图 2-35

步骤② 根据需要在对话框"左边距""右边距""上边距""下边距"数值框中输入相应的数值。这些选项的含义如下。

"左边距""右边距":指定网页内容与浏览器左、右边界的距离。

"上边距""下边距":指定网页内容与浏览器上、下边界的距离。

 在"页面属性"对话框左侧选择"外观（HTML）"选项，对话框右侧显示的边距信息发生改变，如图 2-36 所示。

6. 设置网页的标题

HTML 页面的标题可以帮助浏览者理解所查看网页的内容，并在浏览者的历史记录和书签列表中标志页面。文档的文件名是通过保存文件命令保存的网页文件名称，而页面标题是浏览者在浏览网页时，浏览器标题栏中显示的信息。

更改页面标题的具体操作步骤如下。

步骤① 选择"修改 > 页面属性"命令，弹出"页面属性"对话框。

步骤② 在左侧的"分类"列表框中选择"标题/编

图 2-36

码"选项，在对话框右侧"标题"文本框中输入页面标题，如图 2-37 所示，单击"确定"按钮完成设置。

7. 设置网页的默认格式

用户在制作新网页时，页面都有一些默认的属性，如网页的标题、网页边界、文字编码、文本颜色、超链接的颜色等。若需要修改网页的页面属性，可选择"修改 > 页面属性"命令，弹出"页面属性"对话框，如图 2-38 所示。对话框中各选项的作用如下。

"外观"选项组：设置网页背景颜色、背景图像，以及网页文字的字体、字号、颜色和页边距。

"链接"选项组：设置链接文字的格式。

"标题"选项组：为标题 1～标题 6 指定标题文字的字体、字号和颜色。

"标题/编码"选项组：设置网页的标题和网页的文字编码。一般情况下，将网页的文字编码设定为简体中文 GB2312 编码。

图 2-37　　　　　　　　　　　　　　　图 2-38

"跟踪图像"选项组：一般在复制网页时，若想使原网页的图像作为复制网页的参考图像，可使用跟踪图像的方式实现。跟踪图像仅作为复制网页的设计参考图像，在浏览器中并不显示出来。

2.1.5　【实战演练】——青山别墅网页

使用"页面属性"命令设置页面外观、网页标题效果；使用"首选参数"命令设置允许多个连续的空格、显示不可见元素效果。最终效果参看云盘中的"Ch02 ＞ 效果 ＞ 青山别墅网页 ＞ index.html"，如图 2-39 所示。

微课：青山
别墅网页

图 2-39

2.2　休闲旅游网页

2.2.1　【案例分析】

随着生活水平的不断提升，旅游已成为人们休闲娱乐的重要选择，给人们在繁重的工作生活之余带来快乐。适当的旅游有利于身心健康，提升生活品质，已成为人们不可或缺的一项生活方式。本案例设计某旅游网页，在网页设计时要表现出旅游休闲娱乐的特点。

2.2.2　【设计理念】

网页的背景使用清新淡雅的色彩搭配，使人感到舒适明快。网页使用美景照片作为搭配，体现出网页的主要内容，使人感受到旅游的快乐。网页右侧详细明确地说明了网页活动的具体情况，使浏览者一目了然。整个网页设计整洁大方，用色简洁，气氛活跃。最终效果参看云盘中的"Ch02 > 效果 > 休闲旅游网页 > index.html"，如图 2-40 所示。

微课：休闲
旅游网页

图 2-40

2.2.3 【操作步骤】

1. 添加字体

步骤❶ 选择"文件 > 打开"命令，在弹出的"打开"对话框中，选择云盘中的"Ch02 > 素材 > 休闲旅游网页 > index.html"文件，单击"打开"按钮打开文件，如图 2-41 所示。

步骤❷ 在"属性"面板的"字体"下拉列表中选择"编辑字体列表"选项，如图 2-42 所示。

图 2-41
图 2-42

步骤❸ 弹出"编辑字体列表"对话框，在"可用字体"列表框中选择需要的字体，如图 2-43 所示，单击 ❮❮ 按钮，将其添加到"字体列表"中，如图 2-44 所示，单击"确定"按钮完成设置。

图 2-43
图 2-44

2. 改变文字外观

步骤① 选中图 2-45 所示的文字，在"属性"面板的"字体"下拉列表中选择"微软雅黑"，效果如图 2-46 所示。

图 2-45

图 2-46

步骤② 保持文字的选取状态，单击"属性"面板中的"项目列表"按钮，如图 2-47 所示，列表前生成"·"符号，效果如图 2-48 所示。

图 2-47

图 2-48

步骤③ 选择"窗口 > CSS 样式"命令，弹出"CSS 样式"面板，单击"CSS 样式"面板下方的"新建 CSS 规则"按钮，在弹出的"新建 CSS 规则"对话框中进行设置，如图 2-49 所示，单击两次"确定"按钮，返回文档编辑窗口。选中图 2-50 所示的文字。

图 2-49

图 2-50

步骤④ 在"属性"面板中的"目标规则"下拉列表中选择"text"选项，应用样式，将"大小"设为 14，单击"加粗"按钮，单击"颜色"按钮，在弹出的"颜色"选择面板中选择"橘红色"，如图 2-51 所示，效果如图 2-52 所示。

步骤⑤ 选中图 2-53 所示的文字，在"属性"面板"类"下拉列表中选择"text"选项，应用样式，效果如图 2-54 所示。用相同的方法制作图 2-55 所示的效果。

图 2-51

- 最高优惠超过50% 专享价格特权
- 最高可返2000元 返现风暴震撼来袭，比网站多返5~15元
- 一站式旅行管家 提供一站式旅行服务
- 注册送1000积分 注册即送积分和返现特权，更可免费兑换礼品
- 苹果精品应用 多次上榜AppStore首页精选

图 2-52

- 最高优惠超过50% 专享价格特权
- 最高可返2000元 返现风暴震撼来袭，比网站多返5~15元
- 一站式旅行管家 提供一站式旅行服务
- 注册送1000积分 注册即送积分和返现特权，更可免费兑换礼品
- 苹果精品应用 多次上榜AppStore首页精选

图 2-53

- 最高优惠超过50% 专享价格特权
- 最高可返2000元 返现风暴震撼来袭，比网站多返5~15元
- 一站式旅行管家 提供一站式旅行服务
- 注册送1000积分 注册即送积分和返现特权，更可免费兑换礼品
- 苹果精品应用 多次上榜AppStore首页精选

图 2-54

步骤⑥ 保存文档，按 F12 键预览效果，如图 2-56 所示。

- 最高优惠超过50% 专享价格特权
- 最高可返2000元 返现风暴震撼来袭，比网站多返5~15元
- 一站式旅行管家 提供一站式旅行服务
- 注册送1000积分 注册即送积分和返现特权，更可免费兑换礼品
- 苹果精品应用 多次上榜AppStore首页精选

图 2-55

图 2-56

2.2.4 【相关工具】

1. 改变文本的大小

Dreamweaver CS6 提供了两种改变文本大小的方法，一种是设置文本的默认大小，另一种是设置选中文本的大小。

◎ 设置文本的默认大小

步骤① 选择"修改 > 页面属性"命令，弹出"页面属性"对话框。

步骤② 在左侧的"分类"列表框中选择"外观（CSS）"选项，在右侧的"大小"下拉列表中根据需要选择文本的大小，如图 2-57 所示，单击"确定"按钮完成设置。

◎ 设置选中文本的大小

在 Dreamweaver CS6 中，可以通过"属性"面板设置选中文本的大小，操作步骤如下。

步骤① 在文档窗口中选中文本。

步骤② 在"属性"面板中的"大小"下拉列表中选择相应的值，如图 2-58 所示。

图 2-57

图 2-58

 提示

在"页面属性"对话框中只有选择"外观（CSS）"选项时"大小"选项可用。在"属性"面板的"大小"下拉列表中选择"无"时，文字的大小为默认设置。

2. 改变文本的颜色

丰富的视觉色彩可以吸引用户的注意，网页中的文本不仅可以是黑色，还可以是其他颜色，颜色最多可达到 16 777 216 种。颜色的种类与用户显示器的分辨率和颜色值有关，通常在 216 种网页色彩中选择文本的颜色。

Dreamweaver CS6 提供了两种改变文本颜色的方法。

◎ 设置文本的默认颜色

步骤① 选择"修改 > 页面属性"命令，弹出"页面属性"对话框。

步骤② 在左侧的"分类"列表框中选择"外观（CSS）"选项，在右侧的"文本颜色"选项中选择具体的文本颜色，如图 2-59 所示，单击"确定"按钮完成设置。

◎ 设置选中文本的颜色

在 Dreamweaver CS6 中，可以通过"属性"面板设置选中文本的颜色，操作步骤如下。

步骤① 在文档窗口中选中文本。

步骤② 单击"属性"面板中的"文本颜色"按钮█选择相应的颜色，如图 2-60 所示。

图 2-59

图 2-60

提示

在"文本颜色"选项中选择文本颜色时，可以在颜色按钮右侧的文本框中，直接输入颜色的十六进制数值。

通过"颜色"命令设置选中文本的颜色，操作步骤如下。

步骤❶ 在文档窗口中选中文本。

步骤❷ 选择"格式 > 颜色"命令，弹出"颜色"对话框，如图 2-61 所示。选择相应的颜色，单击"确定"按钮完成设置。

3. 改变文本的字体

Dreamweaver CS6 提供了两种改变文本字体的方法，一种是设置文本的默认字体，另一种是设置选中文本的字体。

◎ 设置文本的默认字体

步骤❶ 选择"修改 > 页面属性"命令，弹出"页面属性"对话框。

步骤❷ 在左侧的"分类"列表框中选择"外观（CSS）"选项，在右侧的"页面字体"下拉列表中如有合适的字体组合，可直接单击选择该字体组合，否则需选择"编辑字体列表"选项，如图 2-62 所示，在弹出的"编辑字体列表"对话框中自定义字体组合。

图 2-61

图 2-62

步骤❸ 在"可用字体"列表框中选择需要的字体，然后单击 ≪ 按钮，将其添加到"选择的字体"列表框中，如图 2-63 和图 2-64 所示。在"可用字体"列表框中再选中另一种字体，再次单击 ≪ 按钮，在"字体列表"中建立字体组合，单击"确定"按钮完成设置。

图 2-63

图 2-64

步骤❹ 重新在"页面属性"对话框"页面字体"下拉列表中选择刚建立的字体组合作为文本的默认字体。

◎ 设置选中文本的字体

Dreamweaver 提供了两种改变选中文本字体的方法。

第一种是通过"字体"下拉列表设置选中文本的字体，具体操作步骤如下。

步骤① 在文档窗口中选中文本。

步骤② 选择"属性"面板，在"字体"下拉列表中选择需要的字体，如图 2-65 所示。

第二种是通过"字体"命令设置选中文本的字体，具体操作步骤如下。

步骤① 在文档窗口中选中文本。

步骤② 选择"格式 > 字体"命令，在弹出的子菜单中选择相应的字体，如图 2-66 所示。

图 2-65　　　　　　　　　　　　　　　　　　　图 2-66

4. 改变文本的对齐方式

文本的对齐方式是指文字在文档窗口或浏览器窗口中水平位置的对齐方式。对齐方式按钮有以下 4 种。

"左对齐"按钮▤：使文本在浏览器窗口中左对齐。

"居中对齐"按钮▤：使文本在浏览器窗口中居中对齐。

"右对齐"按钮▤：使文本在浏览器窗口中右对齐。

"两端对齐"按钮▤：使文本在浏览器窗口中两端对齐。

通过对齐方式按钮改变文本的对齐方式，具体操作步骤如下。

步骤① 将插入点放在文本中，或者选择段落。

步骤② 在"属性"面板中单击相应的对齐方式按钮，如图 2-67 所示。

设置段落文本的对齐方式，实际上是设置<p>标签的 align 属性。align 属性值有 3 种，其中 left 表示左对齐，center 表示居中对齐，right 表示右对齐。例如，下面的 3 条语句分别设置段落左对齐、居中对齐和右对齐，效果如图 2-68 所示。

图 2-67　　　　　　　　　　　　　　　　　　　图 2-68

```
<p align="left">左对齐</p>
```

```
<p align="center">居中对齐</p>

<p align="right">右对齐</p>
```

除了以上两种方法外，还可以通过对齐命令改变文本的对齐方式，具体操作步骤如下。

步骤① 将插入点放在文本中，或者选择段落。

步骤② 选择"格式 > 对齐"命令，弹出其子菜单，如图 2-69 所示，选择相应的对齐命令。

5. 设置文本样式

文本样式是指字符外观的显示方式，如加粗文本、倾斜文本、为文本加下划线等。

◎ 通过"样式"命令设置文本样式

步骤① 在文档窗口中选中文本。

步骤② 选择"格式 > 样式"命令，在弹出的子菜单中选择相应的样式，如图 2-70 所示。

图 2-69   图 2-70

步骤③ 选择需要的选项后，即可为选中的文本设置相应的字符格式，被选中的菜单命令左侧会带有选中标记 ✔ 。

如果希望取消设置的字符格式，可以再次打开子菜单，取消对该菜单命令的选择即可。

◎ 通过"属性"面板设置文本样式

单击"属性"面板中的"粗体"按钮 **B** 和"斜体"按钮 *I* 可快速设置文本的样式，如图 2-71 所示。如果要取消粗体或斜体样式，再次单击相应的按钮即可。

图 2-71

◎ 使用快捷键快速设置文本样式

按 Ctrl+B 组合键，可以将选中的文本加粗。按 Ctrl+I 组合键，可以将选中的文本倾斜。

6. 段落文本

段落是指描述一个主题并且格式统一的一段文字。在文档窗口中，输入一段文字后按 Enter 键，这段文字就显示在<P>……</P>标签中。

◎ 应用段落格式

通过"格式"选项应用段落格式的具体操作步骤如下。

步骤 ① 将插入点放在段落中，或者选择段落中的文本。

步骤 ② 选择"属性"面板，在"格式"下拉列表中选择相应的格式，如图 2-72 所示。

通过"段落格式"命令应用段落格式的具体操作步骤如下。

步骤 ① 将插入点放在段落中，或者选择段落中的文本。

步骤 ② 选择"格式 > 段落格式"命令，弹出其子菜单如图 2-73 所示，在其中选择相应的段落格式。

图 2-72

图 2-73

◎ 指定预格式

预格式标签是<pre>和</pre>。预格式化是指用户预先对<pre>和</pre>之间的文字进行格式化，以便在浏览器中按真正的格式显示其中的文本。例如，用户在段落中插入多个空格，但浏览器按一个空格处理。为这段文字指定预格式后，就会按用户的输入显示多个空格。

通过"格式"选项指定预格式的具体操作步骤如下。

步骤 ① 将插入点放在段落中，或者选择段落中的文本。

步骤 ② 选择"属性"面板，在"格式"下拉列表中选择"预先格式化的"选项，如图 2-74 所示。

通过"段落格式"命令指定预格式的具体操作步骤如下。

步骤 ① 将插入点放在段落中，或者选择段落中的文本。

步骤 ② 选择"格式 > 段落格式"命令，弹出其子菜单如图 2-75 所示，选择"已编排格式"命令。

图 2-74

图 2-75

通过"已编排格式"按钮指定预格式：单击"插入"面板"文本"选项卡中的"已编排格式"按钮 PRE，指定预格式。

　　若想去除文字的格式，可按上述方法在"格式"下拉列表中选择"无"。

7. 插入换行符

为段落添加换行符有以下 3 种方法。

① 在"插入"面板的"文本"选项卡中，单击"字符"下拉按钮，选择"换行符"按钮，如图 2-76 所示。

② 按 Shift+Enter 组合键。

③ 选择"插入记录 > HTML > 特殊字符 > 换行符"命令。

在文档中插入换行符的具体操作步骤如下。

步骤① 打开一个网页文件，输入一段文字，如图 2-77 所示。

步骤② 按 Shift+Enter 组合键，将光标移到另一个段落，如图 2-78 所示。

图 2-76　　　　　　图 2-77　　　　　　　　　图 2-78

步骤③ 按 Shift+Ctrl+Space 组合键，输入空格，输入文字，如图 2-79 所示。

步骤④ 使用相同的方法，输入换行符和文字，效果如图 2-80 所示。

图 2-79　　　　　　　　　　　图 2-80

8. 设置项目符号或编号

通过"项目列表"按钮或"编号列表"按钮设置项目符号或编号的具体操作步骤如下。

步骤① 选择段落。

步骤② 在"属性"面板中，单击"项目列表"按钮或"编号列表"按钮，为文本添加项目符号或编号。设置了项目符号和编号后的段落效果如图 2-81 所示。

通过"列表"命令设置项目符号或编号的具体操作步骤如下。

步骤① 选择段落。

步骤② 选择"格式 > 列表"命令，弹出其子菜单如图 2-82 所示，选择"项目列表"或"编号列表"命令。

9. 修改项目符号或编号

步骤① 将插入点放在设置项目符号或编号的文本中。

图 2-81

步骤② 通过以下两种方法打开"列表属性"对话框。

① 单击"属性"面板中的"列表项目"按钮 列表项目... 。

② 选择"格式 > 列表 > 属性"命令。

步骤③ 在对话框中，先选择"列表类型"选项，确认是要修改项目符号还是编号，如图 2-83 所示，然后在"样式"下拉列表中选择相应的符号或编号的样式，如图 2-84 所示。单击"确定"按钮完成设置。

图 2-82

图 2-83

图 2-84

10. 设置文本缩进格式

设置文本缩进格式有以下 3 种方法。

① 在"属性"面板中，单击"内缩区块"按钮 或"删除内缩区块"按钮 ，使段落向右移动或向左移动。

② 选择"格式 > 缩进"命令或"文本 > 凸出"命令，使段落向右移动或向左移动。

③ 按 Ctrl+Alt+] 组合键或按 Ctrl+Alt+ [组合键，使段落向右移动或向左移动。

11. 插入日期

步骤① 在文档窗口中，将插入点放在想要插入对象的位置。

步骤② 通过以下两种方法打开"插入日期"对话框。

① 在"插入"面板的"常用"选项卡中，单击"日期"按钮 。

② 选择"插入 > 日期"命令。

对话框中包含"星期格式""日期格式""时间格式""储存时自动更新"4 个选项。前 3 个选项用于设置星期、日期和时间的显示格式，后一个选项表示是否按系统当前时间显示日期时间，若选择此复选框，则显示当前的日期时间，否则仅按创建网页时的设置显示。

步骤③ 选择相应的日期和时间的格式，单击"确定"按钮完成设置。

12. 特殊字符

在网页中插入特殊字符有以下 2 种方法。

① 选择"插入"面板中的"文本"选项卡，单击"字符"下拉按钮 ，弹出 13 个特殊字符按钮，如图 2-85 所示。在其中选择需要的特殊字符工具按钮，即可插入特殊字符。

图 2-85

"换行符"按钮 ：用于在文档中强行换行。

"不换行空格"按钮 ：用于输入连续空格。

"其他字符"按钮 ▼：使用此按钮，在弹出的"插入其他字符"对话框中单击需要的字符，该字符的代码就会出现在"插入"文本框中；也可以直接在该文本框中输入字符代码，单击"确定"按钮，即可将字符插入文档中，如图 2-86 所示。

② 选择"插入 > HTML > 特殊字符"命令，在弹出的子菜单中选择需要的特殊字符，如图 2-87所示。

图 2-86

图 2-87

2.2.5 【实战演练】——电器城网页

使用"项目列表"按钮，创建列表；使用"CSS 样式"命令，修改文字的样式。最终效果参看云盘中的"Ch02 > 效果 > 电器城网页 > index.html"，如图 2-88 所示。

图 2-88

微课：电器
城网页

2.3 休闲度假村网页

2.3.1 【案例分析】

度假村为大家提供一个亲近大自然的机会，并享受一系列贴身服务，提供现代化的休闲和运动设施，使人放松身心。在设计本例网页时，要注意表现出度假的休闲乐趣，要能够吸引消费者注意。

2.3.2 【设计理念】

在网页设计制作过程中，将田野作为网页背景，简单大气，给人舒适休闲的印象。简单的文字介绍和摄影图片的排列，为浏览者提供最简单、直观的信息介绍。没有多余的修饰，反而更显其专业性。最终效果参看云盘中的"Ch02 > 效果 > 休闲度假村网页 > index.html"，如图 2-89 所示。

微课：休闲
度假村网页

图 2-89

2.3.3 【操作步骤】

步骤① 选择"文件 > 打开"命令，在弹出的"打开"对话框中，选择云盘中的"Ch02 > 素材 > 休闲度假村网页 > index.html"文件，单击"打开"按钮打开文件，如图 2-90 所示。将光标置入图 2-91 所示的单元格中。选择"插入 > HTML > 水平线"命令插入水平线，效果如图 2-92 所示。

图 2-90

图 2-91

图 2-92

步骤② 选中水平线，在"属性"面板中，将"高"设为 1，取消选择"阴影"复选框，如图 2-93 所示，水平线效果如图 2-94 所示。

图 2-93

图 2-94

步骤③ 选中水平线，单击文档窗口左上方的"拆分"按钮 拆分 ，在"拆分"视图窗口中的"noshade"代码后置入光标，按一次空格键，标签列表中会弹出该标签的属性参数，在其中选择属性"color"，如图 2-95 所示。

图 2-95

步骤④ 插入属性后，在弹出的颜色面板中选择需要的颜色，如图 2-96 所示，标签效果如图 2-97 所示。

图 2-96

```
<td><hr size="1" noshade color="#CC6633"></td>
```

图 2-97

步骤⑤ 单击文档窗口左上方的"设计"按钮 设计 ，切换到"设计"视图。用上述的方法制作出图 2-98 所示的效果。

图 2-98

步骤⑥ 设置的水平线颜色不能在 Dreamweaver CS6 界面中显示，保存文档，按 F12 键预览，效果如图 2-99 所示。

图 2-99

2.3.4 【相关工具】

1. 水平线

分割线又叫作水平线，可以将文字、图像、表格等对象在视觉上分隔开。一篇内容繁杂的文档，如果合理地放置水平线，就会变得层次分明，便于阅读。

◎ 创建水平线

创建水平线有以下两种方法。

① 选择"插入 > HTML > 水平线"命令。

② 选择"插入"面板的"常用"选项卡，单击"水平线"按钮██。

◎ 修改水平线

在文档窗口中选中水平线，选择"窗口 > 属性"命令，弹出"属性"面板，可以根据需要设置属性，如图 2-100 所示。

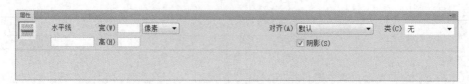

图 2-100

在"水平线"下方的文本框中输入水平线的名称。

在"宽"文本框中输入水平线的宽度，宽度可以是像素值，也可以是相对页面水平宽度的百分比。

在"高"文本框中输入水平线的高度，这里只能是像素值。

在"对齐"下拉列表中，选择水平线在水平位置上的对齐方式，可以是"左对齐""右对齐"或"居中对齐"，也可以选择"默认"选项，使用默认的对齐方式，一般为"居中对齐"。

选择"阴影"复选框，可以为水平线设置阴影效果。

2. 显示和隐藏网格

使用网格可以更加方便地定位网页元素，在网页布局时，网格也有至关重要的作用。

◎ 显示和隐藏网格

选择"查看 > 网格设置 > 显示网格"命令，或按 Ctrl+Alt+G 组合键，此时网格处于显示状态，网格在"设计"视图中可见，如图 2-101 所示。

◎ 设置网页元素与网格对齐

选择"查看 > 网格设置 > 靠齐到网格"命令，或按 Ctrl+Alt+Shift+G 组合键，此时，无论网格是否可见，都可以让网页元素自动与网格对齐。

◎ 修改网格的疏密

图 2-101

选择"查看 > 网格设置 > 网格设置"命令，弹出"网格设置"对话框，如图 2-102 所示。在"间隔"文本框中输入一个数字，并在右侧的下拉列表中选择间隔的单位，单击"确定"按钮关闭对话框，完成网格线间隔的修改。

◎ 修改网格线的形状和颜色

选择"查看 > 网格设置 > 网格设置"命令，弹出"网格设置"对话框，如图 2-103 所示。在对话框中，先单击"颜色"按钮并从颜色拾取器中选择一种颜色，或者在文本框中输入一个十六进制的数字，然后单击"显示"选项组中的"线"或"点"单选按钮，最后单击"确定"按钮，完成网格线颜色和线型的设置。

图 2-102

图 2-103

3. 标尺

标尺显示在文档窗口的页面上方和左侧，用于标志网页元素的位置。标尺的单位可以是像素、英寸和厘米。

◎ 在文档窗口中显示标尺

选择"查看 > 标尺 > 显示"命令，或按 Ctrl+Alt+R 组合键，此时标尺处于显示状态，如图 2-104 所示。

◎ 改变标尺的计量单位

选择"查看 > 标尺"命令，在其子菜单中选择需要的计量单位，如图 2-105 所示。

图 2-104

图 2-105

◎ 改变坐标原点

单击文档窗口左上方的标尺交叉点，鼠标指针变为"+"形状，按住鼠标左键向右下方拖曳，如图 2-106 所示，在要设置新坐标原点的地方松开鼠标左键，坐标原点将随之改变，如图 2-107 所示。

◎ 重置标尺的坐标原点

选择"查看 > 标尺 > 重设原点"命令，将坐标原点还原成（0，0）点，如图 2-108 所示。

图 2-106　　　　　图 2-107　　　　　图 2-108

 提示　　使坐标原点回到初始位置，还可以双击文档窗口左上方的标尺交叉点。

2.3.5　【实战演练】——摄影艺术网页

使用"水平线"命令，在文档中插入水平线；使用"属性"面板，改变水平线的高度。使用代码改变水平线的颜色。最终效果参看云盘中的"Ch02 > 效果 > 摄影艺术网页 > index.html"，如图 2-109 所示。

微课：摄影
艺术网页

图 2-109

2.4 综合演练——电商网页

2.4.1 【案例分析】

由于互联网的发展，更多的电商网站出现在人们的生活中，所以需要专业的团队来设计、管理和营销电商网站。网页设计要求简洁明了，兼具实用性和美观度。

2.4.2 【设计理念】

网页分为 4 个区域，整体布局简洁，使人第一眼就能看到白色背景区域的主体内容，与上方黑色背景的导航条对比强烈，方便浏览者查阅。整体设计风格具有电商网页的特色，大气明了。

2.4.3 【知识要点】

使用"页面属性"命令，设置页面的边距、网页标题效果；使用"首选参数"命令，设置允许多个连续的空格；使用"CSS 样式"命令，设置文字的颜色。最终效果参看云盘中的"Ch02 > 效果 > 电商网页 > index.html"，如图 2-110 所示。

微课：电商
网页

图 2-110

2.5　综合演练——有机果蔬网页

2.5.1　【案例分析】

有机果蔬是指在生产过程中，严格按照有机生产规程，经过有机食品认证机构鉴定，含有绿色食品标志，并颁发有机食品证书的果蔬产品。网页设计要求突出有机果蔬健康无污染等特色。

2.5.2　【设计理念】

网页背景采用了绿色蔬菜的图片，给消费者健康的感觉；画面整体色彩搭配舒适亲切，白色的文字与图片搭配相得益彰，导航条设计简洁并具有特色，网页设计与宣传主题相呼应；画面清爽舒适，符合有机食物的风格特点。

2.5.3　【知识要点】

使用"页面属性"命令，设置页面边距和标题；使用"首选参数"命令，设置允许多个连续的空格。最终效果参看云盘中的"Ch02 > 效果 > 有机果蔬网页 > index.html"，如图 2-111 所示。

微课：有机
果蔬网页

图 2-111

03

第 3 章
图像和多媒体

图像和多媒体的运用在网页设计中是非常重要的，合理使用图像、按钮、标记和多媒体元素，可以使网页外观美观大方，内容丰富多彩。在 Dreamweaver CS6 中，用户可以方便快捷地向网页添加声音和影片媒体，并可以导入和编辑多个媒体文件和对象。

课堂学习目标

- ✔ 插入图像
- ✔ 多媒体在网页中的应用
- ✔ 插入动画

3.1 纸杯蛋糕网页

3.1.1 【案例分析】

甜品店是现代女性非常钟爱的聚会休闲、消磨时光的场所；而纸杯蛋糕更是众多甜品里的招牌产品，小巧可爱的样子是它最吸引人的地方。网页设计要求体现纸杯蛋糕的甜美风格。

3.1.2 【设计理念】

在网页设计制作过程中，使用精美的产品图片，使人产生食欲。粉红色的背景满足了女性消费者的喜好，激发人们的购买欲望。右侧的简介可以让浏览者更清楚地了解产品特性，下方的产品图片可以让消费者选购不同的口味，满足更多人的需求。网页整体设计主题突出，让人印象深刻。最终效果参看云盘中的"Ch03 > 效果 > 纸杯蛋糕网页 > index.html"，如图 3-1 所示。

微课：纸杯
蛋糕网页

图 3-1

3.1.3 【操作步骤】

步骤❶ 选择"文件 > 打开"命令，在弹出的"打开"对话框中，选择云盘中的"Ch03 > 素材 > 纸杯蛋糕网页 > index.html"文件，单击"打开"按钮打开文件，如图 3-2 所示。将光标置入图 3-3 所示的单元格中。

图 3-2

图 3-3

步骤❷ 单击"插入"面板"常用"选项卡中的"图像"按钮◙▼，在弹出的"选择图像源文件"对话框中，选择云盘中的"Ch03 > 素材 > 纸杯蛋糕网页 > images"文件夹中的"img_1.png"文件，单击"确定"按钮完成图片的插入，如图 3-4 所示。用相同的方法将"img_2.png"和"img_3.png"文件插入该单元格中，效果如图 3-5 所示。

图 3-4

图 3-5

步骤❸ 选择"窗口 > CSS 样式"命令，弹出"CSS 样式"面板。单击面板下方的"新建 CSS 规则"按钮➕，在弹出的"新建 CSS 规则"对话框中进行设置，如图 3-6 所示，单击"确定"按钮，弹出".pic 的 CSS 规则定义"对话框，在左侧的"分类"列表框中选择"方框"选项，取消选择"Margin"选项组中的"全部相同"复选框，将"Right"和"Left"均设为 15，如图 3-7 所示，单击"确定"按钮，完成样式的创建。

图 3-6

图 3-7

步骤❹ 选中图 3-8 所示的图片，在"属性"面板的"类"下拉列表中选择"pic"选项，应用样式，效果如图 3-9 所示。

图 3-8

图 3-9

步骤❺ 保存文档，按 F12 键预览效果，如图 3-10 所示。

图 3-10

3.1.4　【相关工具】

1. 网页中的图像格式

网页通常使用的图像有 JPEG、GIF 和 PNG 3 种格式，但大多数浏览器只支持 JPEG、GIF 两种图像格式。因为要保证浏览者下载网页的速度，所以也常使用 JPEG 和 GIF 这两种压缩格式的图像。

◎ GIF

GIF 是网络中最常见的图像格式，其具有以下特点。

① 最多可以显示 256 种颜色，适合显示色调不连续或具有大面积单一颜色的图像，如导航条、按钮、图标、徽标或其他具有统一色彩和色调的图像。

② 使用无损压缩方案，图像在压缩后不会有细节的损失。

③ 支持透明的背景，可以创建带有透明区域的图像。

④ 是交织文件格式，在浏览器完成图像下载之前，浏览者即可看到该图像。

⑤ 通用性好，几乎所有的浏览器都支持 GIF 格式，并且有许多免费软件支持 GIF 图像的编辑。

◎ JPEG

JPEG 是一种"有损耗"压缩的图像格式，其具有以下特点。

① 具有丰富的色彩，最多可以显示 1 670 万种颜色。

② 使用有损压缩方案，图像在压缩后会有细节的损失。

③ JPEG 格式的图像比 GIF 格式的图像小，下载速度更快。

④ 因为图像边缘的细节损失严重，所以不适合包含鲜明对比的图像或文本的图像。

◎ PNG

PNG 是专门用于网络的图像格式，其具有以下特点。

① 使用新型的无损压缩方案，图像在压缩后不会有细节的损失。

② 具有丰富的色彩，最多可以显示 1 670 万种颜色。

③ 通用性差。IE 4.0 级更高版本和 Netscape 4.04 级更高版本的浏览器都只能部分支持 PNG 图像的显示。因此，只有在为特定的目标用户设计时，才使用 PNG 格式的图像。

2. 插入图像

要在 Dreamweaver CS6 文档中插入的图像必须位于当前站点文件夹内或远程站点文件夹内，否则图像不能正确显示。因此在建立站点时，要先创建一个名为"image"的文件夹，并将需要的图像复制到其中。

在网页中插入图像的具体操作步骤如下。

步骤① 在文档窗口中，将光标放置在要插入图像的位置。

步骤② 通过以下两种方法启用"图像"命令，弹出"选择图像源文件"对话框，如图 3-11 所示。

① 在"插入"面板的"常用"选项卡中，单击"图像"下拉按钮 ⊡，在下拉菜单中选择"图像"选项。

② 选择"插入 > 图像"命令，或按 Ctrl+Alt+I 组合键。

图 3-11

步骤③ 在对话框中选择图像文件，单击"确定"按钮完成设置。

3．设置图像属性

插入图像后，在"属性"面板中显示该图像的属性，如图 3-12 所示。

图 3-12

"源文件"选项：指定图像的源文件。

"链接"选项：指定单击图像时要显示的网页文件。

"替换"选项：用来对图像进行说明。在某些浏览器中，鼠标指针滑过图像时，也会显示替换文本。

"编辑"按钮 ✐：启动外部图像编辑器，编辑选中的图像。

"编辑图像设置"按钮 ⚇：弹出"图像预览"对话框，在对话框中设置图像。

"裁剪"按钮 ◹：修剪图像的大小。

"重新取样"按钮 ▣：对已调整过大小的图像进行重新取样，以提高图片在新的大小和形状下的品质。

"亮度和对比度"按钮 ◑：调整图像的亮度和对比度。

"锐化"按钮 △：调整图像的清晰度。

"宽"和"高"选项：以像素为单位指定图像的宽度和高度。这样做虽然可以缩放图像的显示大小，但不会缩短下载时间，因为浏览器在缩放图像前会下载所有图像数据。

"类"下拉列表：为图像添加 CSS 样式效果。

"地图"选项：用于显示热点的名称。

"热点工具"选项：用于图像热点的控制及热点。

"目标"下拉列表：指定链接页面应该在其中载入的框架或窗口。

"原始"选项：为了节省浏览者浏览网页的时间，可通过此选项指定在载入主图像之前可快速载入的低品质图像。

4．插入图像占位符

在布局网页时，需要先设计图像在网页中的位置，等设计方案通过后，再将这个位置变成具体的图像。Dreamweaver CS6 提供的"图像占位符"功能，可满足上述需求。

在网页中插入图像占位符的具体操作步骤如下。

步骤① 在文档窗口中，将光标放置在要插入图像占位符的位置。

步骤② 通过以下两种方法启用"图像占位符"命令，弹出"图像占位符"对话框，效果如图 3-13 所示。

① 在"插入"面板的"常用"选项卡中，单击"图像"下拉按钮 回·，选择"图像占位符"选项 回·。

② 选择"插入 > 图像对象 > 图像占位符"命令。

步骤③ 在"图像占位符"对话框中，按需要设置图像占位符的大小和颜色，并为图像占位符提供文本说明，单击"确定"按钮完成设置，效果如图 3-14 所示。

图 3-13

图 3-14

5．跟踪图像

在工程设计过程中，一般先在图像处理软件中勾画出工程蓝图，然后在此基础上反复修改，最终得到一幅满意的设计图。制作网页时，也应采用工程设计的方法，先在图像处理软件中绘制网页的蓝图，将其添加到网页的背景中，按设计方案对号入座，等网页制作完毕，再将蓝图删除。使用 Dreamweaver CS6 的"跟踪图像"功能可以实现上述网页设计方式。

设置网页蓝图的具体操作步骤如下。

步骤① 在图像处理软件中绘制网页蓝图，如图 3-15 所示。

步骤② 选择"文件 > 新建"命令，新建文档。

步骤③ 选择"修改 > 页面属性"命令，弹出"页面属性"对话框，在"分类"列表框中选择"跟踪图像"选项，单击"浏览"按钮，在弹出的"选择图像源文件"对话框中找到步骤 1 中网页蓝图的保存路径，如图 3-16 所示。

图 3-15

步骤④ 在"页面属性"对话框中调节"透明度"滑块，使图像呈半透明状态，效果如图 3-17 所示，单击"确定"按钮完成设置。

图 3-16

图 3-17

3.1.5 【实战演练】——环球旅游网页

使用"图像"按钮，插入图像；使用"CSS 样式"命令，控制图像的水平边距。最终效果参看云盘中的"Ch03 > 效果 > 环球旅游网页 > index.html"，如图 3-18 所示。

微课：环球
旅游网页

图 3-18

3.2　物流运输网页

3.2.1 【案例分析】

物流是指在物品从供应地向接收地的实体流动过程中，根据实际需要，将一系列功能有机结合起来实现用户要求的过程。网页设计和制作要表现出物流的特色。

3.2.2 【设计理念】

网页使用流畅的线条、稳定的图形表现物流行业的特色，蓝白的背景突出前方的宣传主体，展示对行业的介绍和宣传，整体网页设计简洁明快，符合物流行业的特色。最终效果参看云盘中的"Ch03 > 效果 > 物流运输网页 > index.html"，如图 3-19 所示。

微课：物流
运输网页

图 3-19

3.2.3　【操作步骤】

步骤❶　选择"文件 > 打开"命令，在弹出的"打开"对话框中，选择云盘中的"Ch03 > 素材 > 物流运输网页 > index.html"文件，单击"打开"按钮打开文件，如图 3-20 所示。将光标置入图 3-21 所示的单元格中。

图 3-20　　　　　　　　　　　　　　　　　　　　图 3-21

步骤❷　单击"插入"面板"常用"选项卡中的"SWF"按钮 ，在弹出的"选择 SWF"对话框中选择云盘中的"Ch03 > 素材 > 物流运输网页 > images > DH.swf"文件，如图 3-22 所示。单击"确定"按钮，弹出"对象标签辅助功能属性"对话框，如图 3-23 所示，这里不需要设置，直接单击"确定"按钮，完成动画的插入，效果如图 3-24 所示。

图 3-22　　　　　　　　　　　　　　　　　　　　图 3-23

步骤③ 选中插入的 Flash 动画，单击"属性"面板中的"播放"按钮▶ 播放 ，在文档窗口中预览效果，如图 3-25 所示。可以单击"属性"面板中的"停止"按钮■ 停止 ，停止播放动画。

图 3-24   图 3-25

步骤④ 保存文档，按 F12 键预览效果，如图 3-26 所示。

图 3-26

3.2.4 【相关工具】

1. 插入 Flash 动画

在 Dreamweaver CS6 中可以插入 Flash 对象，虽然 Flash 对象的文件类型有 Flash 源文件（.fla）、Flash SWF 文件（.swf）和 Flash 模板文件（.swt），但 Dreamweaver CS6 只支持 Flash SWF 文件，因为它是 Flash 文件的压缩版本，已进行了优化，便于在网页上查看。

在网页中插入 Flash 动画的具体操作步骤如下。

步骤① 在文档窗口的"设计"视图中，将光标放置在想要插入影片的位置。

步骤② 通过以下两种方法启用"Flash"命令。

① 在"插入"面板的"常用"选项卡中，单击"媒体"下拉按钮 ，选择"Flash"选项 。

② 选择"插入 > 媒体 > SWF"命令，或按 Ctrl+Alt+F 组合键。

步骤③ 弹出"选择 SWF"对话框，选择一个后缀名为".swf"的文件，如图 3-27 所示，单击"确定"按钮完成设置。此时，Flash 占位符出现在文档窗口中，如图 3-28 所示。

图 3-27

图 3-28

步骤④ 选中文档窗口中的 Flash 对象，在"属性"面板中单击"播放"按钮▶ 播放 ，测试效果。

　　当网页包含两个以上的 Flash 动画时，要预览所有的 Flash 内容，可以按 Ctrl+Alt+Shift+P 组合键。

2.　插入 FLV

　　在网页中可以轻松地添加 FLV 视频，而无需使用 Flash 创作工具。但在操作之前必须有一个经过编码的 FLV 文件。使用 Dreamweaver 插入一个显示 FLV 文件的 SWF 组件，当在浏览器中查看时，此组件显示所选的 FLV 文件以及一组播放控件。

　　Dreamweaver 提供了以下选项，用于将 FLV 视频传送给站点访问者。

　　"累进式下载视频"选项：将 FLV 文件下载到站点访问者的硬盘上，然后播放。但是，与传统的"下载并播放"视频传送方法不同，累进式下载允许在下载完成之前就开始播放视频文件。

　　"流视频"选项：对视频内容进行流式处理，并在一段可确保流畅播放的很短的缓冲时间后，在网页上播放该内容。若要在网页上启用流视频，必须具有访问 Adobe Flash Media Server 的权限和一个经过编码的 FLV 文件，然后才能在 Dreamweaver 中使用它。可以插入使用 Sorenson Squeeze 和 On2 两种编解码器（压缩/解压缩技术）创建的视频文件。

　　与常规 SWF 文件一样，在插入 FLV 文件时，Dreamweaver 将插入检测用户是否拥有可查看视频的正确 Flash Player 版本的代码。如果用户没有正确的版本，则页面将显示替代内容，提示用户下载最新版本的 Flash Player。

　　若要查看 FLV 文件，用户的计算机上必须安装 Flash Player 10 或更高版本。如果用户没有安装所需的 Flash Player 版本，但安装了 Flash Player 6.0/6.5 或更高版本，则浏览器将显示 Flash Player 快速安装程序，而非替代内容。如果用户拒绝快速安装，则页面会显示替代内容。

　　在网页中插入 FLV 对象的具体操作步骤如下。

步骤① 在文档窗口的"设计"视图中，将插入点放置在想要插入 FLV 的位置。

步骤② 通过以下几种方法启用"FLV"命令，弹出"插入 FLV"对话框，如图 3-29 所示。

　　① 在"插入"面板的"常用"选项卡中，单击"媒体"下拉按钮 ，选择"FLV"选项 。

　　② 选择"插入 > 媒体 > FLV"命令。

步骤③ 在"插入 FLV"对话框中,单击"浏览"按钮 浏览... ,弹出"选择 FLV"对话框,选择一个后缀名为".flv"的文件,如图 3-30 所示。单击"确定"按钮,返回"插入 FLV"对话框,设置相应的选项,单击"确定"按钮。此时,FLV 占位符出现在文档窗口中,如图 3-31 所示。

图 3-29

图 3-30

图 3-31

在"插入 FLV"对话框的"视频类型"下拉列表中选择"累进式下载视频"选项时,对话框中各选项的作用如下。

"URL"选项:指定 FLV 文件的相对路径或绝对路径。若要指定相对路径(如 mypath/myvideo.flv),则单击"浏览"按钮,导航到 FLV 文件并将其选定。若要指定绝对路径,则输入 FLV 文件的 URL(如 http://www.example.com/myvideo.flv)。

"外观"下拉列表:指定视频组件的外观。所选外观的预览效果会显示在"外观"下拉列表的下方。

"宽度"文本框:以像素为单位指定 FLV 文件的宽度。若要让 Dreamweaver 确定 FLV 文件的准确宽度,则单击"检测大小"按钮。如果 Dreamweaver 无法确定宽度,则必须输入宽度值。

"高度"文本框:以像素为单位指定 FLV 文件的高度。若要让 Dreamweaver 确定 FLV 文件的准确高度,则单击"检测大小"按钮。如果 Dreamweaver 无法确定高度,则必须输入高度值。

提示

"包括外观"是 FLV 文件的宽度和高度与所选外观的宽度和高度相加得出的和。

"限制高宽比"复选框:保持视频组件宽度和高度的比例不变。默认情况下选择此选项。

"自动播放"复选框:指定在页面打开时是否播放视频。

"自动重新播放"复选框:指定播放控件在视频播放完之后是否返回起始位置。

在"插入 FLV"对话框的"视频类型"下拉列表中选择"流视频"选项时,对话框中各选项的作用如下。

"服务器 URI"选项:以 rtmp://www.example.com/app_name/instance_name 的形式指定服务器名称、应用程序名称和实例名称。

"流名称"选项：指定想要播放的 FLV 文件的名称（如 myvideo.flv）。扩展名 .flv 是可选的。

"实时视频输入"复选框：指定视频内容是否是实时的。如果选择了"实时视频输入"，则 Flash Player 将播放从 Flash Media Server 流入的实时视频流。实时视频输入的名称是在"流名称"文本框中指定的名称。

"缓冲时间"选项：指定在视频开始播放之前进行缓冲处理所需的时间（以 s 为单位）。默认的缓冲时间为 0，这样在单击"播放"按钮后，视频会立即开始播放（如果选择"自动播放"，则在建立与服务器的连接后，视频立即开始播放）。如果要发送的视频比特率高于站点访问者的连接速度，或者 Internet 通信可能会导致带宽或连接问题，则可能需要设置缓冲时间。例如，如果要在网页播放视频之前，将 15s 的视频发送到网页，则将缓冲时间设置为 15s。

3. 插入 Shockwave 影片

Shockwave 是网页上用于交互式多媒体的 Macromedia 标准，是一种经压缩的格式，它使得在 Macromedia Director 中创建的多媒体文件能够快速下载，而且可以在大多数常用浏览器中播放。

在网页中插入 Shockwave 影片的具体操作步骤如下。

步骤① 在文档窗口的"设计"视图中，将光标放置在想要插入 Shockwave 影片的位置。

步骤② 通过以下两种方法选择"Shockwave"命令。

① 在"插入"面板的"常用"选项卡中，单击"媒体"下拉按钮 🎬，选择"Shockwave"选项 🎬。

② 选择"插入 > 媒体 > Shockwave"命令。

步骤③ 在弹出的"选择文件"对话框中选择一个影片文件，如图 3-32 所示，单击"确定"按钮完成设置。此时，Shockwave 影片占位符出现在文档窗口中，选择文档窗口中的 Shockwave 影片占位符，在"属性"面板中设置影片的宽度和高度。保存文档，按 F12 键预览效果，如图 3-33 所示。

图 3-32

图 3-33

4. 影片插入 Applet 程序

Applet 是用 Java 编程语言开发的、可嵌入网页中的小型应用程序。Dreamweaver CS6 提供了将 Java Applet 插入 HTML 文档的功能。

在网页中插入 Java Applet 程序的具体操作步骤如下。

步骤① 在文档窗口的"设计"视图中，将光标放置在想要插入 Applet 程序的位置。

步骤② 通过以下两种方法选择"Applet"命令。

① 在"插入"面板的"常用"选项卡中，单击"媒体"下拉按钮 🔊，选择"APPLET"选项 ☺。

② 选择"插入 > 媒体 > Applet（A）"命令。

步骤③ 在弹出的"选择文件"对话框中选择一个 Java Applet 程序文件，单击"确定"按钮完成设置。

5. 插入 ActiveX 控件

ActiveX 控件也称 OLE 控件。它是可以充当浏览器插件的可重复使用的组件，有些像微型的应用程序。ActiveX 控件只在 Windows 系统的 Internet Explorer 中运行。Dreamweaver CS6 中的 ActiveX 对象可以为用户浏览器中的 ActiveX 控件提供属性和参数。

在网页中插入 ActiveX 控件的具体操作步骤如下。

步骤① 在文档窗口的"设计"视图中，将光标放置在想要插入 ActiveX 控件的位置。

步骤② 通过以下两种方法选择"ActiveX"命令，插入 ActiveX 控件。

① 在"插入"面板的"常用"选项卡中，单击"媒体"下拉按钮 🔊，选择"ActiveX"选项 🔊。

② 选择"插入记录 > 媒体 > ActiveX"命令。

步骤③ 选中文档窗口中的 ActiveX 控件，在"属性"面板中单击"播放"按钮 ▶ 播放 测试效果。

3.2.5 【实战演练】——准妈妈课堂网页

使用"SWF"按钮，在网页文档中插入 Flash 动画；使用"播放"按钮，在文档窗口中预览效果。最终效果参看云盘中的"Ch03 > 效果 > 准妈妈课堂网页 > index.html"，如图 3-34 所示。

微课：准妈妈
课堂网页

图 3-34

3.3 综合演练——咖啡馆网页

3.3.1 【案例分析】

咖啡馆是现代人聚会休闲、商务交流的场所，盛行于各个大中小城市。随着时代的发展，咖啡的种类和品牌也逐渐增多。网页设计要求体现咖啡馆的优雅气质。

3.3.2 【设计理念】

使用放大的咖啡图片，展现网页设计的主体。左侧的文字信息，简单明了，使人一目了然。上方的导航设计简洁清晰，给人干净利落的印象。下方的图标与文字搭配得当，使人感受到咖啡的魅力；网页整体设计主题简洁明了，让人印象深刻。

3.3.3 【知识要点】

使用"图像"按钮，插入介绍性图片。最终效果参看云盘中的"Ch03 > 效果 > 咖啡馆网页 > index.html"，如图 3-35 所示。

微课：咖啡
馆网页

图 3-35

3.4 综合演练——绿色农场网页

3.4.1 【案例分析】

现代的绿色农场，不再是仅用来种农作物的场所，更是一种种植+养殖+休闲+娱乐的混合型场所。要求网页风格简洁，并且着重内容的宣传。

3.4.2 【设计理念】

大气的图文搭配使主题明确，简洁清晰的导航设计便于浏览，下方添加的绿色元素，使人感觉清新自然。整体风格具有生态气息。

3.4.3 【知识要点】

使用"Flash SWF"按钮，在网页文档中插入 Flash 动画效果；使用"属性"面板，设置动画为透明；使用"播放"按钮在文档窗口中预览效果。最终效果参看云盘中的"Ch03 > 效果 > 绿色农场网页 > index.html"，如图 3-36 所示。

图 3-36

微课：绿色
农场网页

04

第 4 章
超链接

网络中的每个网页都是通过超链接的形式关联在一起的，超链接是网页中最重要、最根本的元素之一。浏览者可以单击网页中的某个元素，轻松地实现网页之间的转换或下载文件、收发邮件等。要实现超链接，还要了解链接路径的知识。

课堂学习目标

- ✔ 文本超链接
- ✔ 命名锚记超链接
- ✔ 图像超链接
- ✔ 热点链接

4.1 建筑模型网页

4.1.1 【案例分析】

建筑模型有助于设计创作的推敲，可以直观地体现设计意图，弥补图纸在表现上的局限性。它既是设计师设计过程的一部分，又属于设计的一种表现形式，被广泛应用于城市建设、房地产开发、商品房销售、设计投标与招商合作等方面。建筑模型网页设计要求具有现代感与技术感。

4.1.2 【设计理念】

使用纯白色作为网页背景，更加突出网页宣传的主体；建筑模型在页面中占重要位置，使浏览者一目了然，色彩搭配柔和时尚；整体设计独特前卫，符合建筑模型行业的特色。最终效果参看云盘中的"Ch04> 素材 > 建筑模型网页 > index.html"，如图 4-1 所示。

微课：建筑
模型网页

图 4-1

4.1.3 【操作步骤】

1. 制作电子邮件链接

步骤① 选择"文件 > 打开"命令，在弹出的"打开"对话框中，选择云盘中的"Ch04 > 素材 > 建筑模板网页 > index.html"文件，单击"打开"按钮打开文件，如图 4-2 所示。

图 4-2

图 4-3

步骤② 选中文字"联系我们"，如图 4-3 所示。单击"插入"面板"常用"选项卡中的"电子邮件链接"按钮 ，在弹出的"电子邮件链接"对话框中进行设置，如图 4-4 所示。单击"确定"按钮，文字的下方出现下划线，如图 4-5 所示。

图 4-4

图 4-5

步骤 ③ 选择"修改 > 页面属性"命令，弹出"页面属性"对话框，在左侧的"分类"列表框中选择"链接"选项，将"链接颜色"设为白色，"交换图像链接"设为橘黄色（#F60），"已访问链接"设为白色，"活动链接"设为橘黄色（#F60），在"下划线样式"下拉列表中选择"始终无下划线"，如图 4-6 所示。单击"确定"按钮，文字效果如图 4-7 所示。

图 4-6

图 4-7

2. 制作下载文件链接

步骤 ① 选中文字"模板下载"，如图 4-8 所示。在"属性"面板中单击"链接"右侧的"浏览文件"按钮 📁，弹出"选择文件"对话框，选择云盘"Ch04 > 素材 > 建筑模板网页 > images"文件夹中的"TPL.zip"文件，如图 4-9 所示。单击"确定"按钮，将"TPL.zip"文件链接到文本框中，在"目标"下拉列表中选择"_blank"选项，如图 4-10 所示。

图 4-8

图 4-9

图 4-10

步骤② 保存文档，按 F12 键预览效果。单击"联系我们"，弹出链接的 E-mail 窗口，效果如图 4-11 所示。单击"模板下载"，将弹出窗口，在窗口中可以根据提示进行操作，如图 4-12 所示。

图 4-11   图 4-12

4.1.4 【相关工具】

1. 超链接的概念与路径知识

超链接的主要作用是将物理上无序的内容组成一个有机的统一体。超链接对象上存放某个网页文件的地址，以便用户打开相应的网页文件。在浏览网页时，当用户将鼠标指针移到文字或图像上时，鼠标指针会改变形状或颜色，这就是在提示用户：此对象为链接对象。单击这些链接对象，就可完成打开链接的网页下载文件、打开邮件工具收发邮件等操作。

2. 创建文本链接

创建文本链接的方法非常简单，主要是在链接文本的"属性"面板中指定链接文件。指定链接文件的方法有以下 3 种。

◎ 直接输入要链接文件的路径和文件名

在文档窗口中选中作为链接对象的文本，选择"窗口 > 属性"命令，弹出"属性"面板。在"链接"文本框中直接输入要链接文件的路径和文件名，如图 4-13 所示。

图 4-13

　　要链接到本地站点中的一个文件，直接输入文档相对路径或站点根目录相对路径；要链接到本地站点以外的文件，直接输入绝对路径。

◎ 使用"浏览文件"按钮

在文档窗口中选中作为链接对象的文本，在"属性"
面板中单击"链接"右侧的"浏览文件"按钮📁，弹出"选
择文件"对话框。选择要链接的文件，在"相对于"下拉
列表中选择"文档"选项，如图 4-14 所示，单击"确定"
按钮。

"相对于"下拉列表中有两个选项。选择"文档"选项，
表示使用文档相对路径来链接；选择"站点根目录"选项，
表示使用站点根目录相对路径来链接。在"URL"文本框中，
可以直接输入网页的绝对路径。

图 4-14

一般要链接本地站点中的一个文件时，最好不要使用绝对路径，因为如果移动文件，
文件内所有的绝对路径都将被打断，会造成链接错误。

◎ 使用指向文件图标

使用"指向文件"图标⊙，可以快捷地指定站点窗口内的链接文件，或指定另一个打开文件中命
名锚点的链接。

在文档窗口中选中作为链接对象的文本，在"属性"面板中，拖曳"指向文件"图标⊙指向右侧
站点窗口内的文件，如图 4-15 所示。松开鼠标左键，"链接"选项被更新并显示出建立的链接。

图 4-15

完成链接文件后，"属性"面板中的"目标"下拉列表变为可用，其中各选项的作用如下。

"_blank"选项：将链接文件加载到未命名的新浏览器窗口中。

"_parent"选项：将链接文件加载到包含该链接的父框架集或窗口中。如果包含链接的框架不是
嵌套的，则链接文件加载到整个浏览器窗口中。

"_self"选项：将链接文件加载到链接所在的同一框架或窗口中。此目标是默认的，通常不需要
指定它。

"_top"选项：将链接文件加载到整个浏览器窗口中，并由此删除所有框架。

3. 文本链接的状态

一个未被访问过的链接文字与一个被访问过的链接文字在形式上是有所区别的，以提示用户链接文字指示的网页是否被看过。设置文本链接状态的具体操作步骤如下。

步骤① 选择"修改 > 页面属性"命令，弹出"页面属性"对话框，如图 4-16 所示。

图 4-16

 当在"首选参数"对话框中选择"使用 CSS 而不是 HTML 标签"复选框时，"页面属性"对话框的界面将会改变，如图 4-17 所示。

步骤② 在对话框中设置文本的链接状态。选择"分类"列表框中的"链接（CSS）"选项，单击"链接颜色"选项右侧的 ☐ 图标，打开调色板，选择一种颜色来设置链接文字的颜色。

单击"已访问链接"选项右侧的 ☐ 图标，打开调色板，选择一种颜色来设置访问过的链接文字的颜色。

单击"活动链接"选项右侧的 ☐ 图标，打开调色板，选择一种颜色来设置活动的链接文字的颜色。

在"下划线样式"下拉列表中设置链接文字是否加下划线，如图 4-18 所示。

图 4-17

图 4-18

4. 下载文件链接

浏览网站的目的往往是查找并下载文件，可以利用下载文件链接下载文件。建立下载文件链接的步骤如同创建文字链接，区别在于链接的文件不是网页文件而是其他文件，如.exe、.zip 等文件。

建立下载文件链接的具体操作步骤如下。

步骤① 在文档窗口中选择需添加下载文件链接的网页对象。

步骤② 在"链接"文本框中指定链接文件。

步骤③ 按 F12 键预览网页。

5. 电子邮件链接

网页只能作为单向传播的工具，将网站的信息传给浏览者，但网站建立者需要接收使用者的反馈信息，一种有效的方式是让浏览者给网站发送 E-mail。在网页制作中，使用电子邮件链接就可以实现。

每当浏览者单击包含电子邮件超链接的网页对象时，就会打开邮件处理工具（如 Outlook Express），并自动将收信人地址设为网站建设者的邮箱地址，方便浏览者给网站发送反馈信息。

◎ 利用"属性"面板建立电子邮件链接

具体操作步骤如下。

步骤 ❶ 在文档窗口中选择对象，一般是文字对象，如"请联系我们"。

步骤 ❷ 在"链接"文本框中输入"mailto"和地址。例如，网站管理者的 E-mail 地址是 xjg_peng@163.com，则在"链接"文本框中输入"mailto:xjg_peng@163.com"，如图 4-19 所示。

图 4-19

◎ 利用"电子邮件链接"对话框建立电子邮件链接

具体操作步骤如下。

步骤 ❶ 在文档窗口中选择需要添加电子邮件链接的网页对象。

步骤 ❷ 通过以下两种方法打开"电子邮件链接"对话框。

① 选择"插入 > 电子邮件链接"命令。

② 单击"插入"面板"常用"选项卡中的"电子邮件链接"工具 。

步骤 ❸ 在"文本"文本框中输入要在网页中显示的链接文字，在"电子邮件"文本框中输入完整的邮箱地址，如图 4-20 所示。

步骤 ❹ 单击"确定"按钮，完成电子邮件链接的创建。

图 4-20

4.1.5　【实战演练】——创意设计网页

使用"电子邮件链接"命令，制作电子邮件链接效果；使用"浏览文件"按钮，为文字制作下载文件链接效果。最终效果参看云盘中的"Ch04 > 素材 > 创意设计网页 > index.html"，如图 4-21 所示。

图 4-21

微课：创意
设计网页

4.2 温泉度假网页

4.2.1 【案例分析】

温泉度假是以优美的自然环境、丰富的人文风情、特色的历史传统文化、沐浴文化，以及优质的服务为支撑吸引广大的消费者。温泉度假网页设计要体现出温泉度假的特色。

4.2.2 【设计理念】

网页背景采用温泉的照片，达到吸引眼球的效果；导航栏放在页面的上方，直观醒目，方便用户浏览；网页的整体设计给人干净清爽的感觉，没有多余的修饰，让浏览者直观、快速地接收到温泉度假的信息，达到商家的最终目的。最终效果参看云盘中的"Ch04 > 素材 > 温泉度假网页 > index.html"，如图 4-22 所示。

微课：温泉
度假网页

图 4-22

4.2.3 【操作步骤】

1. 制作鼠标经过

步骤① 选择"文件 > 打开"命令，在弹出的"打开"对话框中，选择云盘中的"Ch04 > 素材 > 温泉度假网页 > index.html"文件，单击"打开"按钮打开文件，如图 4-23 所示。

步骤② 将光标置入图 4-24 所示的单元格中。在"插入"面板的"常用"选项卡中，单击"鼠标经过图像"按钮，弹出"插入鼠标经过图像"对话框。

图 4-23   图 4-24

步骤 ③ 单击"原始图像"选项右侧的"浏览"按钮，弹出"原始图像"对话框，在云盘中的"Ch04 > 素材 > 温泉度假网页 > images"文件夹中选择"ye-a.jpg"文件，单击"确定"按钮，如图 4-25 所示。

步骤 ④ 单击"鼠标经过图像"选项右侧的"浏览"按钮，弹出"插入鼠标经过图像"对话框，在云盘中的"Ch04 > 素材 > 温泉度假网页 > images"文件夹中选择"ye-b.jpg"文件，单击"确定"按钮，如图 4-26 所示，再单击"确定"按钮，文档效果如图 4-27 所示。

图 4-25　　　　　　　　　　　　　　　　　　　　图 4-26

步骤 ⑤ 用相同的方法为其他单元格插入鼠标经过图像，制作出图 4-28 所示的效果。

图 4-27　　　　　　　　　　　　　　　　　　　图 4-28

2. 创建热点链接

步骤 ① 选中图 4-29 所示的图像，在"属性"面板中选择"矩形热点"工具 □，如图 4-30 所示。

图 4-29　　　　　　　　　　　图 4-30

步骤 ② 将光标放置在文字"温泉度假"的上方绘制矩形热点，如图 4-31 所示。在"属性"面板的"链接"文本框中输入"#"，创建空链接，在"替换"文本框中输入"温泉度假"，如图 4-32 所示。

图 4-31　　　　　　　　　　　　　　图 4-32

步骤 ③ 保存文档，按 F12 键预览效果，当鼠标指针移动到导航条上时，图像发生变化，效果如图 4-33 所示。将光标放置在热点链接上，会提示说明文字，效果如图 4-34 所示。

图 4-33

图 4-34

4.2.4 【相关工具】

1. 图像超链接

建立图像超链接的具体操作步骤如下。

步骤① 在文档窗口中选择图像。

步骤② 在"属性"面板中，单击"链接"选项右侧的"浏览文件"按钮 🗀，为图像添加文档相对路径的链接。

 提示
    图像超链接不像文本超链接那样，会发生许多提示性的变化，只有当鼠标指针经过图像时，指针才呈现手形。

步骤③ 在"替代"文本框中可输入替代文字。设置替代文字后，当图片不能下载时，会在图片的位置上显示替代文字；当浏览者将鼠标指针指向图像时，也会显示替代文字。

步骤④ 按 F12 键预览网页的效果。

2. 鼠标经过图像链接

"鼠标经过图像"是一种常用的互动技术，当鼠标指针经过图像时，图像会随之发生变化。一般，"鼠标经过图像"效果由两张尺寸相等的图像组成，一张称为主图像，另一张称为次图像。主图像是首次载入网页时显示的图像，次图像是当鼠标指针经过时更换的另一张图像。"鼠标经过图像"经常应用于网页中的按钮上。

建立"鼠标经过图像"的具体操作步骤如下。

步骤① 在文档窗口中将光标放置在需要添加鼠标经过图像的位置。

步骤② 通过以下两种方法打开"插入鼠标经过图像"对话框，如图 4-35 所示。

① 选择"插入 > 图像对象 > 鼠标经过图像"命令。

② 在"插入"面板的"常用"选项卡中，单击"图像"下拉按钮 ▣▾，选择"鼠标经过图像"选项 🖳▾。

"插入鼠标经过图像"对话框中各选项的作用如下。

"图像名称"选项：设置鼠标指针经过图像对象时的名称。

"原始图像"选项：设置载入网页时显示的图像文件的路径。

图 4-35

"鼠标经过图像"选项：设置在鼠标指针滑过原始图像时，显示的图像文件的路径。

"预载鼠标经过图像"选项：若希望图像预先载入浏览器的缓存中，以便用户将鼠标指针滑过图像时不发生延迟，则选择此复选框。

"替换文本"文本框：设置替换文本的内容。设置后，在浏览器中当图片不能下载时，会在图片位置上显示替代文字；当用户将鼠标指针指向图像时，也会显示替代文字。

"按下时，前往的 URL"文本框：设置跳转网页文件的路径，当用户单击图像时打开此网页。

步骤 ③ 在对话框中按照需要设置选项，然后单击"确定"按钮完成设置。按 F12 键预览网页。

3. 命名锚记链接

若网页的内容很长，为了寻找一个主题，用户往往需要拖动滚动条进行查看，非常不方便。Dreamweaver CS6 提供了锚记链接功能可快速定位到网页的不同位置。

◎ 创建锚点

具体操作步骤如下。

步骤 ① 打开要加入锚点的网页。

步骤 ② 将光标移到某一个主题内容处。

步骤 ③ 通过以下 3 种方法打开"命名锚记"对话框，如图 4-36 所示。

① 按 Ctrl + Alt + A 组合键。

② 选择"插入 > 命名锚记"命令。

③ 单击"插入"面板的"常用"选项卡中的"命名锚记"按钮 。

步骤 ④ 在"锚记名称"文本框中输入锚记名称，如"YW"，然后单击"确定"按钮建立锚点标记。

步骤 ⑤ 根据需要重复步骤 1 ~ 步骤 4，在不同的主题内容处建立不同的锚点标记，如图 4-37 所示。

图 4-36

图 4-37

> 选择"查看 > 可视化助理 > 不可见元素"命令，在文档窗口可显示出锚点标记。

◎ 建立锚记链接

具体操作步骤如下。

步骤① 在网页的开始处，选择链接对象，如某主题文字。

步骤② 通过以下 3 种方法建立锚记链接。

① 在"属性"面板的"链接"文本框中直接输入"#锚点名"，如"#SD"。

② 在"属性"面板中，用鼠标拖曳"链接"选项右侧的"指向文件"图标，指向需要链接的锚点，如"SD"锚点，如图 4-38 所示。

③ 在"文档"窗口中，选中链接对象，在按住 Shift 键的同时，将鼠标从链接对象拖向锚点，如图 4-39 所示。

步骤③ 根据需要重复步骤 1、步骤 2，在网页开始处为不同的主题建立相应的锚记链接。

图 4-38

图 4-39

4. 创建热区链接

创建热区链接的具体操作步骤如下。

步骤① 选取一张图像，在"属性"面板的"地图"选项下方选择热区创建工具，如图 4-40 所示。

各工具的作用如下。

"指针热点工具"按钮：用于选择不同的热区。

"矩形热点工具"按钮：用于创建矩形热区。

"圆形热点工具"按钮：用于创建圆形热区。

"多边形热点工具"按钮：用于创建多边形热区。

图 4-40

步骤② 利用"矩形热点工具""圆形热点工具""多边形热点工具"和"指针热点工具"在图片上建

立或选择相应形状的热区。

将鼠标指针移到图像上，当鼠标指针变为"+"形状时，在图像上拖曳出相应形状的蓝色热区。如果图像上有多个热区，可通过"指针热点"工具 ，选择不同的热区，并通过热区的控制点调整热区的大小。例如，利用"矩形热点"工具 □，在图 4-41 上建立多个矩形热区。

图 4-41

步骤③ 此时，对应的"属性"面板如图 4-42 所示。在"链接"文本框中输入要链接的网页地址，在"替换"文本框中输入当鼠标指针指向热区时，显示的替换文字。通过热区，用户可以在图像的任何地方创建链接。反复操作，就可以在一张图像上划分出很多热区，并为每一个热区设置一个链接，从而实现在一张图像上单击链接到不同页面的效果。按 F12 键预览网页，效果如图 4-43 所示。

图 4-42

图 4-43

4.2.5 【实战演练】——金融投资网页

使用"命名锚记"按钮插入锚点，制作文档从底部移动到顶部的效果；使用"命名锚记"按钮插入锚点，制作跳转到另一页面指定点位置的效果。最终效果参看云盘中的"Ch04 > 效果 > 金融投资网页 > index.html"，如图 4-44 所示。

微课：金融
投资网页

图 4-44

4.3 综合演练——世界景观网页

4.3.1 【案例分析】

每个国家、民族都有自己的文化特色以及景观建筑，这些景观建筑不仅是国家的标志，也是民族的骄傲。世界景观网页设计要求突出对"世界景观"这一主题的介绍。

4.3.2 【设计理念】

灰绿色的背景使网页看上去更具质感；整齐排列的世界景观照片及文字使网页看上去更加整洁；网页设计留有大量空白，使网页设计更具特色，画面更加开阔，整体风格大气时尚。

4.3.3 【知识要点】

使用"矩形热点"工具，制作指定的链接网页文档。最终效果参看云盘中的"Ch04 > 效果 > 世界景观网页 > index.html"，如图 4-45 所示。

微课：世界
景观网页

图 4-45

| 4.4 | 综合演练——狮立地板网页 |

4.4.1　【案例分析】

地板是房屋装修中必不可缺的一部分，种类有很多，基本由木料或其他材料做成。地板网页设计要求大气简约，整体风格既能够体现出材料的环保，又让人感觉舒适、放松。

4.4.2　【设计理念】

网页的色彩搭配清爽舒适，使人能够直观地接收网页信息，导航栏设计简洁，网页分类明确，方便浏览。整体风格直观明了，画面丰富自然，看起来赏心悦目。

4.4.3　【知识要点】

使用"鼠标经过图像"按钮，为网页添加导航效果；使用"链接"选项，制作超链接效果。最终效果参看云盘中的"Ch04 > 效果 > 狮立地板网页 > index.html"，如图 4-46 所示。

微课：狮立
地板网页

图 4-46

05

第5章
使用表格

表格可以将相关数据有序地排列在一起，还可以精确地定位文字、图像等网页元素在页面中的位置，使页面元素在形式上既丰富多彩，又条理清晰，在组织上井然有序而不显单调。使用表格进行页面布局的最大好处是，即使浏览者改变计算机的分辨率，也不会影响网页的浏览效果。因此，表格是网站设计人员必须掌握的工具。表格运用是否熟练，是划分网页设计专业人士和业余爱好者的一个重要标准。

课堂学习目标

- ✔ 表格的简单操作
- ✔ 利用表格进行页面布局
- ✔ 网页中的数据表格

5.1　营养美食网页

5.1.1　【案例分析】

美食不仅仅是简单的味觉感受，更是一种精神享受。本例设计的美食网页，重点介绍美食的制作方法及饮食健康等。

5.1.2　【设计理念】

使用淡黄色作为网页的背景颜色，烘托出温馨、闲适的氛围。整体页面色彩丰富，让人感受到美食给人带来的好心情，更体现出美食的多样和丰富；可爱的小图形搭配其上，使人浏览网页时感受到快乐。最终效果参看云盘中的"Ch05 > 效果 > 营养美食网页 > index.html"，如图 5-1 所示。

图 5-1

微课：营养
美食网页

5.1.3　【操作步骤】

步骤① 启动 Dreamweaver CS6，新建一个空白文档。新建页面的初始名称是"Untitled-1.html"。选择"文件 > 保存"命令，弹出"另存为"对话框，在"保存在"下拉列表中选择站点目录保存路径，在"文件名"文本框中输入"index"，单击"保存"按钮，返回编辑窗口。

步骤② 选择"修改 > 页面属性"命令，在弹出的"页面属性"对话框左侧"分类"列表框中选择"外观"选项，将"左边距""右边距""上边距"和"下边距"均设为 0，如图 5-2 所示。

图 5-2

步骤③ 在"分类"列表框中选择"标题/编码"选项，在"标题"文本框中输入"营养美食网页"，如图 5-3 所示，单击"确定"按钮，完成页面属性的修改。

图 5-3

步骤④ 单击"插入"面板"常用"选项卡中的"表格"按钮▦，在弹出的"表格"对话框中进行设置，如图 5-4 所示，单击"确定"按钮，完成表格的插入。保持表格的选取状态，在"属性"面板的"对齐"下拉列表中选择"居中对齐"选项，效果如图 5-5 所示。

图 5-4   图 5-5

步骤⑤ 将光标置入第 1 行单元格中，单击"插入"面板"常用"选项卡中的"图像"按钮▣▾，在弹出的"选择图像源文件"对话框中，选择云盘目录下"Ch05 > 素材 > 营养美食网页 > images"文件夹中的"TOP.jpg"文件，如图 5-6 所示。单击"确定"按钮，完成图像的插入，如图 5-7 所示。

图 5-6

图 5-7

步骤⑥ 将第 2 行～第 4 行单元格同时选中，在"属性"面板的"水平"下拉列表中选择"居中对齐"选项，将"背景颜色"设为黄色（#F7E9B8），效果如图 5-8 所示。

图 5-8

步骤 ⑦ 将光标置入第 2 行单元格中，单击"插入"面板"常用"选项卡中的"图像"按钮 🖼▾，在弹出的"选择图像源文件"对话框中，选择云盘目录下"Ch05 > 素材 > 营养美食网页 > images"文件夹中的"PIC.jpg"文件，单击"确定"按钮，完成图像的插入，如图 5-9 所示。

图 5-9

步骤 ⑧ 将光标置入第 3 行单元格中，在"属性"面板中，将"高"设为 115。单击"插入"面板"常用"选项卡中的"图像"按钮 🖼▾，在弹出的"选择图像源文件"对话框中，选择云盘目录下"Ch05 > 素材 > 营养美食网页 > images"文件夹中的"img01.jpg"文件，单击"确定"按钮，完成图像的插入，如图 5-10 所示。

步骤 ⑨ 保持图片的选取状态，单击文档窗口左上方的"拆分"按钮 拆分 ，切换到"拆分"视图，在"height="96""代码的后面输入"hspace="2""，如图 5-11 所示。单击文档窗口左上方的"设计"按钮 设计 ，切换到"设计"视图。

```
30    <td height="115" align="center" bgcolor
      ="#F7E9B8"><img src="images/img01.jpg"
      width="239" height="96" hspace="2"/></td>
```

图 5-10   图 5-11

步骤 ⑩ 用上述的方法将图像"img02.jpg""img03.jpg""img04.jpg"插入第 3 行单元格中，并设置与"img01"相同的属性，效果如图 5-12 所示。

图 5-12

步骤 ⑪ 将光标置入第 4 行单元格中，在"属性"面板的"垂直"下拉列表中选择"顶端"选项，将"高"设为 60。单击"插入"面板"常用"选项卡中的"表格"按钮，在弹出的"表格"对话框中进行设置，如图 5-13 所示。单击"确定"按钮，完成表格的插入，效果如图 5-14 所示。

图 5-13

图 5-14

步骤 ⑫ 选中图 5-15 所示的单元格，在"属性"面板中，将"高"设为 30，"背景颜色"设为白色，效果如图 5-16 所示。

图 5-15

图 5-16

步骤 ⑬ 将光标置入图 5-17 所示的单元格中，在"属性"面板的"水平"下拉列表中选择"右对齐"选项。将光标置入图 5-18 所示的单元格中，在"属性"面板的"水平"下拉列表中选择"左对齐"选项并输入文字，效果如图 5-19 所示。用相同的方法在其他单元格中输入文字，效果如图 5-20 所示。

图 5-17

图 5-18

图 5-19

图 5-20

步骤⑭ 保存文档，按 F12 键预览效果，如图 5-21 所示。

图 5-21

5.1.4 【相关工具】

1. 表格的组成

表格中包含行、列、单元格、表格标题等元素，如图 5-22 所示。

图 5-22

表格元素对应的 HTML 标签如下。

<table> </table>：标志表格的开始和结束。设置它的常用参数，可以指定表格的高度和宽度、框线的宽度、背景图像、背景颜色、单元格间距、单元格边界和内容的距离，以及表格相对页面的对齐方式。

<tr> </tr>：标志表格的行。设置它的常用参数，可以指定行的背景颜色和对齐方式。

<td> </td>：标志单元格内的数据。设置它的常用参数，可以指定列的对齐方式、列的背景图像、列的背景颜色、列的宽度、单元格垂直对齐方式等。

<caption> </caption>：标志表格的标题。

<th> </th>：标志表格的列名。

虽然 Dreamweaver CS6 允许用户在"设计"视图中直接操作行、列和单元格，但对于复杂的表

格，无法通过鼠标选择所需的对象，所以网站设计者必须了解表格元素的 HTML 标签的基本内容。

选定表格或表格中有插入点时，Dreamweaver CS6 会显示表格的宽度和每列的列宽，如图 5-23 所示。用户可以根据需要打开或关闭表格和列的宽度显示。

打开或关闭表格和列的宽度显示有以下两种方法。

① 选定表格或在表格中设置插入点，然后选择"查看 > 可视化助理 > 表格宽度"命令。

② 用鼠标右键单击表格，在弹出的快捷菜单中选择"表格 > 表格宽度"命令。

初三（4）班成绩表							
	张 鹏	薛 飞	李青松	张曼菲	王晴晴	宋青莲	吴亮亮
数学	80	90	96	72	53	64	80
语文	90	85	78	92	92	73	91
英语	92	79	89	90	92	93	91
化学	90	92	93	94	95	93	90
物理	80	83	81	82	86	86	80

图 5-23

2. 插入表格

要将相关数据有序地组织在一起，必须先插入表格，然后才能有效地组织数据。

插入表格的具体操作步骤如下。

步骤 ① 在"文档"窗口中，将光标定位到合适的位置。

步骤 ② 通过以下 3 种方法启用"表格"对话框，如图 5-24 所示。

① 选择"插入 > 表格"命令，或按 Ctrl+Alt+T 组合键。

② 单击"插入"面板"常用"选项卡中的"表格"按钮 。

③ 单击"插入"面板"布局"选项卡中的"表格"按钮 。

"表格"对话框中，各选项的作用如下。

"行数"文本框：设置表格的行数。

"列"文本框：设置表格的列数。

"表格宽度"文本框：以像素为单位或以浏览器窗口宽度的百分比设置表格的宽度。

图 5-24

"边框粗细"文本框：以像素为单位设置表格边框的宽度。对于大多数浏览器来说，此选项设置为 1。如果用表格布局页面时将此选项设置为 0，则浏览网页时不显示表格的边框。

"单元格边距"文本框：设置单元格边框与单元格内容之间的像素数。对于大多数浏览器来说，此选项设置为 1。如果用表格布局页面时，将此选项设置为 0，则浏览网页时，单元格边框与内容没有间距。

"单元格间距"文本框：设置相邻的单元格之间的像素数。对于大多数浏览器来说，此选项设置为 2。如果用表格布局页面时将此选项值设置为 0，则浏览网页时，单元格之间没有间距。

"标题"文本框：设置表格标题，它显示在表格的外面。

"摘要"文本框：对表格的说明，但是该文本不会显示在用户的浏览器中，仅在源代码中显示，可提高源代码的可读性。

用户可以通过图 5-25 所示的表来了解"表格"对话框中各选项的具体内容。

初三（4）班成绩表							
	张 鹏	薛 飞	李青松	张曼菲	王晴晴	宋青莲	吴亮亮
数学	80	90	96	72	53	64	80
语文	90	85	78	92	92	73	91
英语	92	79	89	90	92	93	91
化学	90	92	93	94	95	93	90
物理	80	83	81	82	86	86	80

图 5-25

在"表格"对话框中，将"边框粗细"设置为 0 时，在窗口中不显示表格的边框，若要查看单元格和表格边框，选择"查看 > 可视化助理 > 表格边框"命令。

步骤③ 根据需要设置新建表格的大小、行列数等，单击"确定"按钮，完成新建表格的设置。

3. 表格各元素的属性

插入表格后，选择不同的表格对象，可以在"属性"面板中看到它们的各项参数，修改这些参数可以得到不同风格的表格。

◎ 表格的属性

表格的"属性"面板如图 5-26 所示，其各选项的作用如下。

图 5-26

"表格"下拉列表：用于指定表格的名称。

"行"和"列"文本框：用于设置表格中行和列的数目。

"宽"文本框：以像素为单位或以浏览器窗口宽度的百分比来设置表格的宽度。

"填充"文本框：也称单元格边距，是单元格内容和单元格边框之间的像素数。对于大多数浏览器来说，此选项设为 1。如果用表格布局页面时将此选项设置为 0，则浏览网页时，单元格边框与内容之间没有间距。

"间距"文本框：也称单元格间距，是相邻单元格之间的像素数。对于大多数浏览器来说，此选项设为 2。如果用表格布局页面时将此选项设置为 0，则浏览网页时，单元格之间没有间距。

"对齐"下拉列表：表格在页面中相对于同一段落其他元素的显示位置。

"边框"文本框：以像素为单位设置表格边框的宽度。

"清除列宽"按钮 和"清除行高"按钮 ：从表格中删除所有明确指定的列宽或行高的数值。

"将表格宽度转换成像素"按钮 ：将表格每列宽度和表格宽度的单位转换成像素。

"将表格宽度转换成百分比"按钮 ：将表格每列宽度和表格宽度的单位转换成百分比。

"类"下拉列表：设置表格样式。

如果没有明确指定单元格间距和单元格边距的值，则大多数浏览器按单元格边距设置为 1，单元格间距设置为 2 显示表格。

◎ 单元格、行或列的属性

单元格、行或列的"属性"面板如图 5-27 所示，其各选项的作用如下。

图 5-27

"合并所选单元格，使用跨度"按钮 ：将选定的多个单元格、选定的行或列的单元格合并成一个单元格。

"拆分单元格为行或列"按钮⊞：将选定的一个单元格拆分成多个单元格。一次只能拆分一个单元格，若选择多个单元格，此按钮禁用。

"水平"下拉列表：设置行或列中内容的水平对齐方式。其中包括"默认""左对齐""居中对齐"和"右对齐"4 个选项。一般标题行的所有单元格设置为"居中对齐"方式。

"垂直"下拉列表：设置行或列中内容的垂直对齐方式。其中包括"默认""顶端""居中""底部"和"基线"5 个选项，一般采用"居中"对齐方式。

"宽"和"高"文本框：以像素为单位或以浏览器窗口宽度的百分比来设置表格的宽度和高度。

"不换行"复选框：设置单元格文本是否换行。如果勾选"不换行"复选框，则当输入的数据超出单元格的宽度时，自动增加单元格的宽度来容纳数据。

"标题"复选框：勾选该复选框，将行或列的每个单元格的格式设置为表格标题单元格的格式。

"背景颜色"选项：设置单元格的背景颜色。

4. 在表格中插入内容

建立表格后，可以在表格中添加各种网页元素，如文本、图像、表格等。在表格中添加元素的操作非常简单，只需根据设计要求选定单元格，然后插入网页元素即可。一般当表格中插入内容后，表格的尺寸会随内容的尺寸自动调整。当然，还可以利用单元格的属性来调整其内部元素的对齐方式、单元格的大小等。

◎ 输入文字

在单元格中输入文字有以下两种方法。

① 单击任意一个单元格并直接输入文本，此时单元格会随文本的输入自动扩展。

② 粘贴从其他文字编辑软件中复制的带有格式的文本。

◎ 插入其他网页元素

步骤❶ 嵌套表格。

将光标置入一个单元格内并插入表格，即可实现嵌套表格。

步骤❷ 插入图像。

在表格中插入图像有以下 4 种方法。

① 将光标置入要插入图像的单元格中，单击"插入"面板"常用"选项卡中的"图像"按钮🖳·。

② 将光标置入要插入图像的单元格中，选择"插入 > 图像"命令。

③ 将光标置入要插入图像的单元格中，将"插入"面板"常用"选项卡中的"图像"按钮🖳·拖曳到单元格内。

④ 从资源管理器、站点资源管理器或桌面上直接将图像文件拖曳到一个需要插入图像的单元格内。

5. 选择表格元素

先选择表格元素，然后对其进行操作。用户可以一次选择整个表格、多行或多列，也可以选择一个或多个单元格。

◎ 选择整个表格

选择整个表格有以下 4 种方法。

① 将鼠标指针移至表格的四周边缘，鼠标指针右下角出现⊞图标，如图 5-28 所示，单击鼠标

左键即可选中整个表格，如图 5-29 所示。

初三（4）班成绩表							
	张 鹏	薛 飞	李青松	张曼菲	王晴晴	宋青莲	吴亮亮
数学	80	90	96	72	53	64	80
语文	90	85	78	92		73	91
英语	92	79	89			93	91
化学	90	92	93	94	95	93	90
物理	80	83	81	82	86	86	80

图 5-28

初三（4）班成绩表							
	张 鹏	薛 飞	李青松	张曼菲	王晴晴	宋青莲	吴亮亮
数学	80	90	96	72	53	64	80
语文	90	85	78	92		73	91
英语	92	79	89	90		93	91
化学	90	92	93	94	95	93	90
物理	80	83	81	82	86	86	80

图 5-29

② 将光标置入表格的任意单元格中，然后在文档窗口左下角的标签栏中单击`<table>`标签，如图 5-30 所示。

③ 将光标置入表格中，然后选择"修改 > 表格 > 选择表格"命令。

④ 在任意单元格中单击鼠标右键，在弹出的快捷菜单中选择"表格 > 选择表格"命令，如图 5-31 所示。

图 5-30

图 5-31

◎ 选择行或列

① 选择单行或单列。定位鼠标指针，使其指向行的左边缘或列的上边缘。当鼠标指针出现向右或向下的箭头时，单击鼠标左键，如图 5-32 所示。

初三（4）班成绩表							
	张 鹏	薛 飞	李青松	张曼菲	王晴晴	宋青莲	吴亮亮
数学	80	90	96	72	53	64	80
语文	90	85	78	92	92	73	91
英语	92	79	89	90	92	93	91
化学	90	92	93	94	95	93	90
物理	80	83	81	82	86	86	80

初三（4）班成绩表							
	张 鹏	薛 飞	李青松	张曼菲	王晴晴	宋青莲	吴亮亮
数学	80	90	96	72	53	64	80
语文	90	85	78	92	92	73	91
英语	92	79	89	90	92	93	91
化学	90	92	93	94	95	93	90
物理	80	83	81	82	86	86	80

图 5-32

② 选择多行或多列。定位鼠标指针，使其指向行的左边缘或列的上边缘。当鼠标指针变为方向箭头时，直接拖曳鼠标或在按住 Ctrl 键的同时，单击行或列，选择多行或多列，如图 5-33 所示。

◎ 选择单元格

选择单元格有以下 3 种方法。

① 将光标置入单元格中，然后在文档窗口左下角的标签栏中单击`<td>`标签，如图 5-34 所示。

初三(4) 班成绩表						
	张鹏	薛飞	李青松	张曼菲	王晴晴	宋青莲	吴亮亮
数学	80	90	96	72	53	64	80
语文	90	85	78	92	92	73	91
英语	92	79	89	90	92	93	91
化学	90	92	93	94	95	93	90
物理	80	83	81	82	86	86	80

图 5-33

C:\Users\Administrator\Desktop\云盘\基础素材\Ch05\index.html (XHTML)*

初三(4) 班成绩表						
	张鹏	薛飞	李青松	张曼菲	王晴晴	宋青莲	吴亮亮
数学	80	90	96	72	53	64	80
语文	90	85	78	92	92	73	91
英语	92	79	89	90	92	93	91
化学	90	92	93	94	95	93	90
物理	80	83	81	82	86	86	80

`<table><tr><td>`   100%   624 x 259   4 K / 1 秒 Unicoc

图 5-34

② 单击任意单元格后，按住鼠标左键不放，直接拖曳鼠标选择单元格。

③ 将光标置入单元格中，然后选择"编辑 > 全选"命令，选中鼠标指针所在的单元格。

◎ 选择一个矩形块区域

将鼠标指针从一个单元格向右下方拖曳到另一个单元格即可。例如，将鼠标指针从"数学"单元格向右下方拖曳到"80"单元格，得到图 5-35 所示的结果。

◎ 选择不相邻的单元格

在按住 Ctrl 键的同时，单击某个单元格即选中该单元格，当再次单击这个单元格时，则取消对它的选择，如图 5-36 所示。

初三(4) 班成绩表						
	张鹏	薛飞	李青松	张曼菲	王晴晴	宋青莲	吴亮亮
数学	80	90	96	72	53	64	80
语文	90	85	78	92	92	73	91
英语	92	79	89	90	92	93	91
化学	90	92	93	94	95	93	90
物理	80	83	81	82	86	86	80

图 5-35

初三(4) 班成绩表						
	张鹏	薛飞	李青松	张曼菲	王晴晴	宋青莲	吴亮亮
数学	80	90	96	72	53	64	80
语文	90	85	78	92	92	73	91
英语	92	79	89	90	92	93	91
化学	90	92	93	94	95	93	90
物理	80	83	81	82	86	86	80

图 5-36

6. 复制、粘贴表格

在 Dreamweaver CS6 中复制表格的操作如同在 Word 中一样，可以对表格中的多个单元格进行复制、剪切、粘贴操作，并保留原单元格的格式，也可以仅对单元格的内容进行操作。

◎ 复制单元格

选定表格的一个或多个单元格后，选择"编辑 > 拷贝"命令，或按 Ctrl+C 组合键，将选择的内容复制到剪贴板中。剪贴板是一块由系统分配的暂时存放剪贴和复制内容的特殊内存区域。

◎ 剪切单元格

选定表格的一个或多个单元格后，选择"编辑 > 剪切"命令，或按 Ctrl+X 组合键，将选择的内容剪切到剪贴板中。

提示

必须选择连续的矩形区域，否则不能进行复制和剪切操作。

◎ 粘贴单元格

将光标移至网页的适当位置，选择"编辑 > 粘贴"命令，或按 Ctrl+V 组合键，将当前剪贴板中包含格式的表格内容粘贴到光标所在位置。

◎ 粘贴操作的几点说明

① 只要剪贴板的内容和选定单元格的内容兼容，选定单元格的内容就被替换。

② 如果在表格外粘贴，则剪贴板中的内容将作为一个新表格出现，如图 5-37 所示。

③ 还可以先选择"编辑 > 拷贝"命令进行复制，然后选择"编辑 > 选择性粘贴"命令，弹出"选择性粘贴"对话框，如图 5-38 所示，设置完成后，单击"确定"按钮进行粘贴。

图 5-37

图 5-38

7. 缩放表格

创建表格后，可根据需要调整表格、行和列的大小。

◎ 缩放表格

缩放表格有以下两种方法。

① 将鼠标指针放在选定表格的边框上，当鼠标指针变为 ↤↦ 形状时，左右拖曳边框，可以实现表格的缩放，如图 5-39 所示。

② 选中表格，直接修改"属性"面板中的"宽"选项。

◎ 修改行高和列宽

① 直接拖曳鼠标。改变行高，可上下拖曳行的底边线；改变列宽，可左右拖曳列的右边线，如图 5-40 所示。

② 选中单元格，直接修改"属性"面板中的"宽"和"高"选项。

宋青莲	吴亮亮
64	80
73	91
93	91
93	90
86	80

图 5-39

初三（4）班成绩表							
	张鹏	薛飞	李青松	张曼菲	王晴晴	宋青莲	吴亮亮
数学	80	90	96	72	53	64	80
语文	90	85	78	92	92	73	91
英语	92	79	89	90	92	93	91
化学	90	92	93	94	95	93	90
物理	80	83	81	82	86	86	80

图 5-40

8. 删除表格和表格内容

删除表格的操作包括删除行或列，清除表格内容。

◎ 清除表格内容

选定表格中要清除内容的区域后，清除表格内容有以下两种方法。

① 按 Delete 键即可清除所选区域的内容。

② 选择"编辑 > 清除"命令。

◎ 删除行或列

选定表格中要删除的行或列后，删除行或列的操作方法如下。

选择"修改 > 表格 > 删除行"命令，或按 Ctrl+Shift+M 组合键，删除选择区域所在的行。

选择"修改 > 表格 > 删除列"命令，或按 Ctrl+Shift+ – 组合键，删除选择区域所在的列。

9. 合并和拆分单元格

有的表格项需要几行或几列来说明，这时需要将多个单元格合并，生成一个跨多列或多行的单元格。

◎ 合并单元格

选择连续的单元格，如图 5-41 所示，就可将它们合并成一个单元格。合并单元格有以下 3 种方法。

初三（4）班成绩表							
	张 鹏	薛 飞	李青松	张曼菲	王晴晴	宋青莲	吴亮亮
数学	80	90	96	72	53	64	80
语文	90	85	78	92	92	73	91
英语	92	79	89	90	92	93	91
化学	90	92	93	94	95	93	90
物理	80	83	81	82	86	86	80

图 5-41

① 按 Ctrl+Alt+M 组合键。

② 选择"修改 > 表格 > 合并单元格"命令。

③ 在"属性"面板中，单击"合并所选单元格，使用跨度"按钮 。

提示

合并前的多个单元格的内容将合并到一个单元格中。不相邻的单元格不能合并，需要合并的多个单元格应为矩形的单元格区域。

◎ 拆分单元格

有时为了满足用户的需要，要将一个表格项分成多个单元格以详细显示不同的内容，这时需要将单元格拆分。

拆分单元格的具体操作步骤如下。

步骤 1 选择一个要拆分的单元格。

步骤 2 通过以下 3 种方法弹出"拆分单元格"对话框，如图 5-42 所示。

① 按 Ctrl+Alt+S 组合键。

② 选择"修改 > 表格 > 拆分单元格"命令。

图 5-42

③ 在"属性"面板中，单击"拆分单元格为行或列"按钮 。

"拆分单元格"对话框中各选项的作用如下。

"把单元格拆分成"选项组：设置是按行还是按列拆分单元格，包括"行"和"列"两个选项。

"行数"或"列数"选项：设置将指定单元格拆分成的行数或列数。

步骤 3 根据需要进行设置，单击"确定"按钮完成单元格的拆分。

10. 增加、删除表格的行或列

在实际工作中，随着客观环境的变化，表格中的项目也需要做相应的调整，通过选择"修改 > 表格"中的相应子菜单命令，可添加、删除行或列。

◎ 插入单行或单列

选择一个单元格后，可以在该单元格的上下或左右插入一行或一列。

插入单行有以下 4 种方法。

① 选择"修改 > 表格 > 插入行"命令，在插入点的上面插入一行。

② 按 Ctrl+M 组合键，在插入点的上面插入一行。

③ 选择"插入 > 表格对象 > 在上面插入行"命令，在插入点的上面插入一行。

④ 选择"插入 > 表格对象 > 在下面插入行"命令，在插入点的下面插入一行。

插入单列有以下 4 种方法。

① 选择"修改 > 表格 > 插入列"命令，在插入点的左侧插入一列。

② 按 Ctrl+Shift+A 组合键，在插入点的左侧插入一列。

③ 选择"插入 > 表格对象 > 在左边插入列"命令，在插入点的左侧插入一列。

④ 选择"插入 > 表格对象 > 在右边插入列"命令，在插入点的右侧插入一列。

◎ 插入多行或多列

选中一个单元格，选择"修改 > 表格 > 插入行或列"命令，弹出"插入行或列"对话框。根据需要设置对话框中的选项，可在当前行的上面或下面插入多行，如图 5-43 所示，或在当前列之前或之后插入多列，如图 5-44 所示。

图 5-43

图 5-44

"插入行或列"对话框中，各选项的作用如下。

"插入"选项组：设置是插入行还是列，它包括"行"和"列"两个选项。

"行数"或"列数"选项：设置要插入行或列的数目。

"位置"选项组：设置新行或新列相对于所选单元格所在行或列的位置。

在表格的最后一个单元格中按 Tab 键会自动在表格的下方新添一行。

5.1.5 【实战演练】——火锅餐厅网页

使用"表格"按钮，插入表格；使用"图像"按钮，插入图像；使用"CSS"命令，为单元格添加背景图像及控制文字的大小和字体。最终效果参看云盘中的"Ch05 > 效果 > 火锅餐厅网页 > index.html"，如图 5-45 所示。

微课：火锅
餐厅网页

图 5-45

5.2 绿色粮仓网页

5.2.1 【案例分析】

为某粮食公司制作网站，要求网站设计具有特色，让人印象深刻。

5.2.2 【设计理念】

整个页面采用纯白色作为背景，给人干净清爽的感觉；排版整洁有序；导航栏的设计清晰明快，方便用户浏览和查找。网页给人温馨的感觉，柔和的线条使网站看起来更加舒适。最终效果参看云盘中的"Ch05 > 效果 > 绿色粮仓网页 > index.html"，如图 5-46 所示。

微课：绿色
粮仓网页

图 5-46

5.2.3 【操作步骤】

1. 导入表格式数据

步骤❶ 选择"文件 > 打开"命令，在弹出的"打开"对话框中，选择云盘中的"Ch05 > 素材 > 绿色粮仓网页 > index.html"文件，单击"打开"按钮打开文件，如图 5-47 所示。将光标放置在要导入表格数据的位置，如图 5-48 所示。

图 5-47   图 5-48

步骤② 选择"插入 > 表格对象 > 导入表格式数据"命令，弹出"导入表格式数据"对话框，在对话框中单击"数据文件"选项右侧的"浏览"按钮，弹出"打开"对话框，在云盘中的"Ch05 > 素材 > 绿色粮仓网页 > images"文件夹中选择文件"Data.txt"。

步骤③ 单击"确定"按钮，返回"导入表格式数据"对话框，其他选项设置如图 5-49 所示。单击"确定"按钮，导入表格式数据，效果如图 5-50 所示。

图 5-49   图 5-50

步骤④ 选中图 5-51 所示的单元格，在"属性"面板的"水平"下拉列表中选择"居中对齐"选项，效果如图 5-52 所示。

图 5-51   图 5-52

步骤⑤ 将光标置入第 1 行第 1 列单元格中，在"属性"面板中，将"宽"设为 165，如图 5-53 所示，效果如图 5-54 所示。

图 5-53   图 5-54

步骤⑥ 用相同的方法设置第 2 列～第 4 列单元格的宽分别为 120、135、80，效果如图 5-55 所示。选中图 5-56 所示的单元格。

诚聘英才

职位	数量	学历要求	性别
网站、平煤广告销售经理	4人	大专及以上学历	男
项目经理	2人	本科及以上学历	不限
活动执行专员	1人	大专及以上学历	女
杂志编辑、资深编辑	3人	本科及以上学历	不限

图 5-55

诚聘英才

职位	数量	学历要求	性别
网站、平煤广告销售经理	4人	大专及以上学历	男
项目经理	2人	本科及以上学历	不限
活动执行专员	1人	大专及以上学历	女
杂志编辑、资深编辑	3人	本科及以上学历	不限

图 5-56

步骤⑦ 在 "属性" 面板中，将 "高" 设为 26，如图 5-57 所示，效果如图 5-58 所示。

属性

◇ HTML	格式(F)	无		类	无
📄 CSS	ID(I)	无		链接(L)	
	单元格	水平(Z) 居中对齐	宽(W)	
	北	垂直(T) 默认	高(H)	26

图 5-57

诚聘英才

职位	数量	学历要求	性别
网站、平煤广告销售经理	4人	大专及以上学历	男
项目经理	2人	本科及以上学历	不限
活动执行专员	1人	大专及以上学历	女
杂志编辑、资深编辑	3人	本科及以上学历	不限

图 5-58

步骤⑧ 选中图 5-59 所示的单元格，在 "属性" 面板中将 "背景颜色" 设为灰色（#CCC），效果如图 5-60 所示。选中图 5-61 所示的单元格，在 "属性" 面板中将 "背景颜色" 设为灰色（#CCC），效果如图 5-62 所示。

诚聘英才

职位	数量	学历要求	性别
网站、平煤广告销售经理	4人	大专及以上学历	男
项目经理	2人	本科及以上学历	不限
活动执行专员	1人	大专及以上学历	女
杂志编辑、资深编辑	3人	本科及以上学历	不限

图 5-59

诚聘英才

职位	数量	学历要求	性别
网站、平煤广告销售经理	4人	大专及以上学历	男
项目经理	2人	本科及以上学历	不限
活动执行专员	1人	大专及以上学历	女
杂志编辑、资深编辑	3人	本科及以上学历	不限

图 5-60

诚聘英才

职位	数量	学历要求	性别
网站、平煤广告销售经理	4人	大专及以上学历	男
项目经理	2人	本科及以上学历	不限
活动执行专员	1人	大专及以上学历	女
杂志编辑、资深编辑	3人	本科及以上学历	不限

图 5-61

诚聘英才

职位	数量	学历要求	性别
网站、平煤广告销售经理	4人	大专及以上学历	男
项目经理	2人	本科及以上学历	不限
活动执行专员	1人	大专及以上学历	女
杂志编辑、资深编辑	3人	本科及以上学历	不限

图 5-62

步骤⑨ 保存文档，按 F12 键预览效果，如图 5-63 所示。

图 5-63

2．排序表格

步骤①　选中图 5-64 所示的表格，选择"命令 > 排序表格"命令，弹出"排序表格"对话框，如图 5-65
所示。

图 5-64　　　　　　　　　　　　　　　　　　　　　　图 5-65

步骤②　在"排列按"下拉列表中选择"列 1"，在"顺序"下拉列表中选择"按数字顺序"，在右边的下
拉列表中选择"升序"，如图 5-66 所示，单击"确定"按钮，表格进行排序，效果如图 5-67 所示。

图 5-66

图 5-67

步骤③　保存文档，按 F12 键预览效果，如图 5-68 所示。

图 5-68

5.2.4 【相关工具】

1. 导入和导出表格的数据

有时需要将 Word 文档中的内容或 Excel 文档中的表格数据导入网页中发布，或将网页中的表格数据导出到 Word 文档或 Excel 文档中编辑，Dreamweaver CS6 提供了实现这种操作的功能。

◎ 导入 Excel 文档中的表格数据

选择"文件 > 导入 > Excel 文档"命令，弹出"导入 Excel 文档"对话框，如图 5-69 所示。选择包含导入数据的 Excel 文档，导入后的效果如图 5-70 所示。

图 5-69   图 5-70

◎ 导入 Word 文档中的内容

选择"文件 > 导入 > Word 文档"命令，弹出"导入 Word 文档"对话框，如图 5-71 所示。选择包含导入内容的 Word 文档，导入后的效果如图 5-72 所示。

图 5-71   图 5-72

◎ 将网页中的表格导入其他网页或 Word 文档中

若将一个网页的表格导入其他网页或 Word 文档中，需先将网页内的表格数据导出，然后将其导入其他网页或 Word 文档中。

（1）将网页内的表格数据导出

选择"文件 > 导出 > 表格"命令，弹出图 5-73 所示的"导出表格"对话框，根据需要设置参数，单击"导出"按钮，

图 5-73

弹出"表格导出为"对话框，输入保存导出数据的文件名称，单击"保存"按钮完成设置。

"导出表格"对话框中，各选项的作用如下。

"定界符"下拉列表：设置导出文件使用的分隔符。

"换行符"下拉列表：设置打开导出文件的操作系统。

（2）在其他网页中导入表格数据

首先打开"导入表格式数据"对话框，如图 5-74 所示。然后根据需要设置选项，最后单击"确定"按钮完成设置。

打开"导入表格式数据"对话框，有以下两种方法。

① 选择"文件 > 导入 > 表格式数据"命令。

② 选择"插入 > 表格对象 > 导入表格式数据"命令。

"导入表格式数据"对话框中，各选项的作用如下。

"数据文件"文本框：单击"浏览"按钮选择要导入的文件。

"定界符"下拉列表：设置正在导入的表格文件使用的分隔符。其中包括 Tab、逗点等，如果选择"其他"选项，在该下拉列表右侧的文本框中输入导入文件使用的分隔符，如图 5-75 所示。

图 5-74　　　　　　　　　　　　　　　　　　　图 5-75

"表格宽度"选项组：设置将要创建的表格宽度。

"单元格边距"选项：以像素为单位设置单元格内容与单元格边框之间的距离。

"单元格间距"文本框：以像素为单位设置相邻单元格之间的距离。

"格式化首行"下拉列表：设置应用于表格首行的格式。其中包括"无格式""粗体""斜体"和"加粗斜体"选项。

"边框"文本框：设置表格边框的宽度。

（3）在 Word 文档中导入表格数据

在 Word 文档中选择"插入 > 对象 > 文件中的文字"命令，弹出图 5-76 所示的"插入文件"对话框。选择插入的文件，单击"插入"按钮，弹出图 5-77 所示的"文件转换"对话框，单击"确定"按钮完成设置，效果如图 5-78 所示。

图 5-76　　　　　　　　　　　　　　　　　　　图 5-77

2. 排序表格

在日常工作中，常常需要对无序的表格内容进行排序，以便浏览者快速找到所需的数据。

将插入点置入要排序的表格中，选择"命令 > 排序表格"命令，弹出"排序表格"对话框，如图 5-79 所示。根据需要设置相应选项，单击"应用"按钮或"确定"按钮完成设置。

图 5-78

图 5-79

"排序表格"对话框中，各选项的作用如下。

"排序按"选项：设置表格按哪列的值排序。

"顺序"下拉列表：设置是按字母还是按数字顺序，以及是以升序（从 A 到 Z 或从小数字到大数字）还是降序对列排序。当列的内容是数字时，选择"按数字顺序"。如果按字母顺序对一组由一位或两位数字组成的数进行排序，则会将这些数字作为单词按照从左到右的方式排序，而不是按数字大小排序。例如，1、2、3、10、20、30，若按字母排序，则结果为 1、10、2、20、3、30；若按数字排序，则结果为 1、2、3、10、20、30。

"再按"和"顺序"下拉列表：按第 1 种排序方法排序后，当排序的列中出现相同的结果时，按第 2 种排序方法排序。可以在这两个下拉列表中设置第 2 种排序方法，设置方法与第 1 种排序方法相同。

"选项"选项组：设置是否将标题行、脚注行等一起排序。

"排序包含第一行"选项：设置表格的第一行是否应该排序。如果第一行是不应移动的标题，则不选择此选项。

"排序标题行"选项：设置是否对标题行进行排序。

"排序脚注行"选项：设置是否对脚注行进行排序。

"完成排序后所有行颜色保持不变"选项：设置排序的结果是否保持原行的颜色值。如果表格行使用两种交替的颜色，则不要选择此选项，以确保排序后的表格仍具有颜色交替的行。如果行属性特定于每行的内容，则选择此选项，以确保这些属性保持与排序后表格中正确的行关联在一起。

有合并单元格的表格不能使用"排序表格"命令。

3. 复杂表格的排版

当用一个表格无法对网页元素进行复杂的定位时，需要在表格的一个单元格中继续插入表格，这叫作表格的嵌套。单元格中的表格是内嵌入式表格，通过内嵌入式表格可以将一个单元格再分成许多行和列，而且可以无限地插入内嵌入式表格，但是内嵌入式表格越多，浏览时花费在下载页面的时间越长，因此，内嵌入式表格最多不超过 3 层。

5.2.5　【实战演练】——典藏博物馆网页

使用"导入表格式数据"命令，导入外部表格数据；使用"排序表格"命令，将表格的数据排序。最终效果参看云盘中的"Ch05 > 效果 > 典藏博物馆网页 > index.html"，如图 5-80 所示。

微课：典藏
博物馆网页

图 5-80

5.3　综合演练——茶文化网页

5.3.1　【案例分析】

茶文化包括茶叶品评技法、艺术操作手法鉴赏、品茗美好环境领略等整个品茶过程的美好意境。其过程体现形式和精神的统一，是饮茶活动过程中形成的文化现象。它历史悠久，文化底蕴深厚。网页设计要求突出茶文化的文化底蕴，以及它的美好意境。

5.3.2　【设计理念】

淡雅闲适的茶田背景给人悠闲舒适的感觉；素雅古朴的茶具和新鲜的茶叶搭配，清新自然之感油然而生，具有民族特色和中国文化的图文搭配，更加提升了画面的中国文化气息。整体风格符合茶文化的特色，画面搭配舒适和谐。

5.3.3　【知识要点】

使用"导入表格式数据"命令，导入外部表格数据；使用"插入列"命令，为表格增加列；使用"图像"按钮，插入图像；使用"CSS 样式"命令，控制文字的大小及颜色。最终效果参看云盘中的"Ch05 > 效果 > 茶文化网页 > index.html"，如图 5-81 所示。

微课：茶文化
网页

图 5-81

5.4 综合演练——信用卡网页

5.4.1 【案例分析】

信用卡是一种非现金交易付款的方式，是简单的信贷服务。在信用卡越来越普及的时代，网页设计突出优惠信息，吸引更多人的眼球。

5.4.2 【设计理念】

优惠信息占据了主体的位置，色彩丰富，更容易吸引人。上方的礼包和人物搭配具有亲和力，左侧的介绍文字清晰明了，整体设计突出了宣传的主题。

5.4.3 【知识要点】

使用"表格"按钮，插入表格；使用"图像"按钮，插入图像；使用"CSS"命令，为单元格添加背景图像及控制文字大小、颜色。最终效果参看云盘中的"Ch05 > 效果 > 信用卡网页 > index.html"，如图 5-82 所示。

微课：信用
卡网页

图 5-82

06

第 6 章
使用框架

框架的出现大大丰富了网页的布局方式以及页面之间的组织形式。浏览者通过框架可以很方便地在不同的页面之间跳转及操作，BBS 论坛页面以及电子邮箱的操作页面等都是通过框架来实现的。

课堂学习目标

- ✔ 框架与框架集
- ✔ 框架的属性设置
- ✔ 框架的编辑

6.1 牛奶饮料网页

6.1.1 【案例分析】

Pure Milk 是一个高端牛奶品牌，始终坚持业内高标准的生产工艺，精选优质牧草，优选良种乳牛，孕育出优质牛奶。网页设计要求体现出纯天然、无添加的产品特点，并且符合品牌特性。

6.1.2 【设计理念】

使用蓝色作为背景，增加画面的清新自然之感，牛奶瓶与杯子相依靠的图片使网页充满乐趣；规整的编排使信息传达更加直观清晰，可读性强；网页设计内容丰富，整体文字及图片整洁舒适，搭配适宜，以清新自然的手法和方式诠释天然、健康的主题，别具一格。最终效果参看云盘中的"Ch06 > 效果 > 牛奶饮料网页 > index.html"，如图 6-1 所示。

微课：牛奶
饮料网页

图 6-1

6.1.3 【操作步骤】

1. 新建框架并编辑

步骤❶ 选择"文件 > 新建"命令，新建一个空白文档。选择"插入 > HTML > 框架 > 对齐上缘"命令，弹出"框架标签辅助功能属性"对话框，如图 6-2 所示，单击"确定"按钮，效果如图 6-3 所示。

图 6-2

图 6-3

步骤② 选择"文件 > 保存全部"命令，弹出"另存为"对话框，在"保存在"下拉列表中选择当前站点目录保存路径，整个框架边框会出现一个阴影框，阴影出现在整个框架集内侧，询问是否设置框架集的名称，在"文件名"文本框中输入"index"，如图 6-4 所示。

步骤③ 单击"保存"按钮，再次弹出"另存为"对话框，在"文件名"文本框中输入"bottom"，如图 6-5 所示。单击"保存"按钮，返回编辑窗口。

图 6-4

图 6-5

步骤④ 将光标置入顶部框架中，选择"文件 > 保存框架"命令，弹出"另存为"对话框，在"文件名"文本框中输入"top"，如图 6-6 所示，单击"保存"按钮，框架网页保存完成。

步骤⑤ 将光标置入顶部框架中，选择"修改 > 页面属性"命令，弹出"页面属性"对话框，在左侧的"分类"列表框中选择"外观（CSS）"选项，将"左边距""右边距""上边距""下边距"均设为 0，如图 6-7 所示，单击"确定"按钮，完成页面属性的修改。

步骤⑥ 单击框架上下边界线，如图 6-8 所示，在框架集"属性"面板中，将"行"设为 308，如图 6-9 所示。按 Enter 键确认文字的输入，效果如图 6-10 所示。

图 6-6

图 6-7

图 6-8

图 6-9　　　　　　　　　　　　　　　　　　　　图 6-10

2. 插入图像

步骤❶ 将光标置入顶部框架中，单击"插入"面板"常用"选项卡中的"图像"按钮 ，在弹出的"选择图像源文件"对话框中，选择云盘目录下"Ch06 > 素材 > 牛奶饮料网页 > images"文件夹中的图片"pic_01.jpg"，如图 6-11 所示。单击"确定"按钮，完成图像的插入，效果如图 6-12 所示。

图 6-11　　　　　　　　　　　　　　　　　　　图 6-12

步骤❷ 将光标置入底部框架中，单击"属性"面板中的"页面属性"按钮，弹出"页面属性"对话框，在左侧的"分类"列表框中选择"外观（CSS）"选项，将"左边距""右边距""上边距""下边距"均设为 0，如图 6-13 所示，单击"确定"按钮，完成页面属性的修改。

步骤❸ 单击"插入"面板"常用"选项卡中的"图像"按钮 ，在弹出的"选择图像源文件"对话框中，选择云盘目录下"Ch06 > 素材 > 牛奶饮料网页 > images"文件夹中的图片"pic_02.jpg"。单击"确定"按钮，完成图像的插入，效果如图 6-14 所示。

图 6-13　　　　　　　　　　　　　　　　　　　图 6-14

步骤④ 选择"文件 > 保存全部"命令，保存修改的文档。按 F12 键预览效果，如图 6-15 所示。

图 6-15

6.1.4　【相关工具】

1．建立框架集

在 Dreamweaver CS6 中，可以利用"插入"命令和可视化状态下的鼠标拖曳便捷地创建框架集。

◎ 通过"插入"命令建立框架集

步骤① 选择"文件 > 新建"命令，弹出"新建文档"对话框，按图 6-16 设置选项后，单击"创建"按钮，新建一个 HTML 文档。

步骤② 将插入点放置在文档窗口中，选择"插入 > HTML > 框架"命令，在其子菜单中选择需要的预定义框架集，如图 6-17 所示。

图 6-16   图 6-17

步骤③ 在菜单中选择其中一个框架集，弹出"框架标签辅助功能属性"对话框，如图 6-18 所示。

步骤④ 在对话框中可以设置每个框架，然后单击"确定"按钮，完成框架的插入，效果如图 6-19 所示。

◎ 通过拖曳自定义框架

步骤① 新建一个 HTML 文档。

图 6-18   图 6-19

步骤② 选择"查看 > 可视化助理 > 框架边框"命令，显示框架线，如图 6-20 所示。

步骤③ 将光标放置到框架边框上，如图 6-21 所示。

图 6-20   图 6-21

步骤④ 将框架边框向下拖曳到适当的位置，松开鼠标左键，效果如图 6-22 所示。

2. 为框架添加内容

因为每一个框架都是一个 HTML 文档，所以可以在创建框架后，直接编辑某个框架中的内容，也可在框架中打开已有的 HTML 文档，具体操作步骤如下。

步骤① 在文档窗口中，将光标放置在某一框架内。

步骤② 选择"文件 > 在框架中打开"命令，弹出"选择 HTML 文件"对话框，打开一个已有文档，如图 6-23 所示。

图 6-22   图 6-23

3．保存框架

保存框架分两步进行，先保存框架集，再保存框架。初学者在保存文档时往往很迷惑，原以为保存的是框架，但实际上保存的是框架集；原以为保存的是某个框架，但实际上保存的是框架集或其他框架。因此，在保存框架前，需要先选择"窗口 > 属性"命令和"窗口 > 框架"命令，打开"属性"面板和"框架"面板。然后在"框架"面板中选择一个框架，在"属性"面板的"源文件"文本框中查看此框架的文件名。查看框架的名称后，再保存文件时，就可以根据"保存"对话框中的文件名信息知道保存的是框架集还是框架了。

◎ 保存框架集和全部框架

使用"保存全部"命令可以保存所有的文件，包括框架集和每个框架。选择"文件 > 保存全部"命令，先弹出的"另存为"对话框（见图6-24）是用于保存框架集的，此时框架集边框显示选择线。单击"保存"按钮，再次弹出的"另存为"对话框（见图 6-25）是用于保存每个框架的，此时文档窗口中的选择线也会自动转移到对应的框架上，据此可以知道正在保存的是哪个框架。

图6-24　　　　　　　　　　　　　　　　　　　　　图6-25

◎ 保存框架集文件

单击框架边框选择框架集后，保存框架集文件有以下两种方法。

① 选择"文件 > 保存框架页"命令。

② 选择"文件 > 框架集另存为"命令。

◎ 保存框架文件

将插入点放到框架中后保存框架文件，有以下两种方法。

① 选择"文件 > 保存框架"命令。

② 选择"文件 > 框架另存为"命令。

4．框架的选择

在对框架或框架集进行操作之前，必须先选择框架或框架集。

◎ 选择框架

选择框架有以下两种方法。

① 在文档窗口中，按 Alt+Shift 组合键的同时，用鼠标单击欲选择的框架。

② 选择"窗口 > 框架"命令，或按 Shift+F2 组合键，弹出"框架"面板。在面板中单击欲选择的框架，如图 6-26 所示。这时，文档窗口中框架的边框会出现虚线轮廓，如图 6-27 所示。

图 6-26   图 6-27

◎ 选择框架集

选择框架集有以下两种方法。

① 在"框架"面板中单击框架集的边框，如图 6-28 所示。

② 在文档窗口中单击框架的边框，如图 6-29 所示。

图 6-28   图 6-29

5. 修改框架的大小

建立框架的目的就是将窗口分成大小不同的子窗口，在不同的窗口中显示不同的文档内容。调整框架的大小有以下两种方法。

① 在"设计"视图中，将鼠标指针移到框架边框上，当鼠标指针呈双向箭头时，拖曳鼠标改变框架的大小，如图 6-30 所示。

② 选择框架集，在"属性"面板中的"行"或"列"文本框中输入具体的数值，然后在"单位"下拉列表中选择单位，如图 6-31 所示。

图 6-30   图 6-31

"单位"下拉列表中，各选项的含义如下。

"像素"选项：为默认选项，按照绝对的像素值设定框架的大小。

"百分比"选项：按所选框架占整个框架集的百分比设定框架的大小，是相对尺寸，框架的大小会随浏览器窗口的改变而改变。

"相对"选项：是相对尺寸，框架的大小会随浏览器窗口的改变而改变。一般剩余空间按此方式分配。

6. 拆分框架

拆分框架，可以增加框架集中框架的数量，但实际上是在不断地增加框架集，即框架集嵌套。拆分框架有以下两种方法。

① 先将光标置于要拆分的框架窗口中，选择"修改 > 框架集"命令，弹出其子菜单，其中有 4 种拆分方式，如图 6-32 所示。

② 选定要拆分的框架集，在按住 Alt 键的同时，将鼠标指针移到框架的边框上，拖曳鼠标拆分框架，如图 6-33 所示。

图 6-32　　　　　　　　　　　　　　　　　　　图 6-33

7. 删除框架

将鼠标指针放在要删除的边框上，当鼠标指针变为双向箭头时，如图 6-34 所示，拖曳鼠标到框架对应的外边框上，即可删除，如图 6-35 所示。

图 6-34　　　　　　　　　　　　　　　　　　　图 6-35

6.1.5　【实战演练】——献爱心活动中心网页

使用"上方固定"框架，制作网页的结构图效果；使用"属性"面板，改变框架的大小；使用"表格"和"图像"按钮，插入表格和图像，制作完整的框架网页效果。最终效果参看云盘中的"Ch06 > 效果 > 献爱心活动中心网页 > index.html"，如图 6-36 所示。

微课：献爱心
活动中心网页

图 6-36

6.2　建筑规划网页

6.2.1　【案例分析】

建筑规划以创造高质量的设计作品为宗旨，强调规划、建筑、景观各设计专业的融合。网页设计除了要求页面吸引浏览者的眼球外，还要注意体现出建筑规划的行业特色。

6.2.2　【设计理念】

网页背景以粉色调为主，营造出时尚新潮的氛围。图片及文字排列整齐有序，有利于用户点击浏览；前方方块的信息栏醒目直观，突出主要信息，达到宣传的目的；网页设计直观简洁，具有时尚感。最终效果参看云盘中的"Ch06 > 效果 > 建筑规划网页 > index.html"，如图 6-37 所示。

微课：建筑
规划网页

图 6-37

6.2.3 【操作步骤】

1. 设置保存的文档

步骤① 选择"文件 > 新建"命令，新建一个空白页面。选择"插入 > HTML > 框架 > 左对齐"命令，弹出"框架标签辅助功能属性"对话框，如图 6-38 所示，单击"确定"按钮，效果如图 6-39 所示。

图 6-38

图 6-39

步骤② 选择"文件 > 保存全部"命令，弹出"另存为"对话框，整个框架集内侧边框出现一个阴影框，在"保存在"下拉列表中选择当前站点目录保存路径，在"文件名"文本框中输入"index"，设置框架集的名称，如图 6-40 所示。

步骤③ 单击"保存"按钮，再次弹出"另存为"对话框，在"文件名"文本框中输入"right"，如图 6-41 所示。单击"保存"按钮，返回到编辑窗口。

图 6-40

图 6-41

步骤④ 将光标置入左侧框架中，选择"文件 > 保存框架"命令，弹出"另存为"对话框，在"文件名"文本框中输入"left"，设置左侧框架的名称，如图 6-42 所示。单击"保存"按钮，保存框架网页。

步骤⑤ 将光标置入左侧框架中，选择"修改 > 页面属性"命令，弹出"页面属性"对话框，单击"分类"列表框中的"外观（CSS）"选项，将"背景颜色"设为洋红色（#ba255f），在"左边距""右边距""上边距""下边距"文本框均输入"0"，如图 6-43 所示。单击"确定"按钮，完成页面属性的修改。

步骤⑥ 将鼠标指针移到框架边框上，如图 6-44 所示，单击选中框架。在"属性"面板中，将"列"设为 200，其他选项的设置如图 6-45 所示。

图 6-42

图 6-43

图 6-44

图 6-45

2. 插入表格、图像和鼠标经过图像

步骤 ① 将光标置入左侧框架中，单击"插入"面板"常用"选项卡中的"表格"按钮 ，在弹出的"表格"对话框中进行设置，如图 6-46 所示，单击"确定"按钮，完成表格的插入。保持表格的选取状态，在"属性"面板的"对齐"下拉列表中选择"右对齐"选项，效果如图 6-47 所示。

图 6-46

图 6-47

步骤 ② 将光标置入第 1 行单元格中，在"属性"面板中，将"高"设为 30。将光标置入第 2 行单元格中，单击"插入"面板"常用"选项卡中的"图像"按钮 ，在弹出的"选择图像源文件"对话框中，选择云盘目录下的"Ch06 > 素材 > 建筑规划网页 > images"文件夹中的"logo.jpg"文件，如图 6-48 所示。单击"确定"按钮，完成图像的插入，效果如图 6-49 所示。

图 6-48   图 6-49

步骤 ③ 将光标置入第 3 行单元格中，在"属性"面板中，将"高"设为 90。将光标置入第 4 行单元格中，单击"插入"面板"常用"选项卡中的"鼠标经过图像"按钮 ，弹出"插入鼠标经过图像"对话框，单击"原始图像"选项右侧的"浏览"按钮，弹出"原始图像"对话框，选择云盘目录下的"Ch06 > 素材 > 建筑规划网页 > images"文件夹中的"img_0.jpg"文件，如图 6-50 所示。单击"确定"按钮，返回"插入鼠标经过图像"对话框。

步骤 ④ 单击"鼠标经过图像"选项右侧的"浏览"按钮，弹出"鼠标经过图像"对话框，选择云盘目录下的"Ch06 > 素材 > 建筑规划网页 > images"文件夹中的"img_0a.jpg"文件，单击"确定"按钮，返回"插入鼠标经过图像"对话框，如图 6-51 所示。

图 6-50   图 6-51

步骤 ⑤ 单击"确定"按钮，文档窗口中的效果如图 6-52 所示。用相同的方法在其他单元格中插入鼠标经过图像效果，如图 6-53 所示。

图 6-52   图 6-53

3. 修改页面属性并插入图像

步骤① 将光标置入右侧框架中，选择"修改 > 页面属性"命令，弹出"页面属性"对话框，单击"分类"列表框中的"外观（CSS）"选项，将"背景颜色"设为洋红色（#ba255f），在"左边距""右边距""上边距"和"下边距"文本框中均输入"0"，如图 6-54 所示。单击"确定"按钮，完成页面属性的修改，效果如图 6-55 所示。

图 6-54　　　　　　　　　　　　　　　　图 6-55

步骤② 将光标置入右侧框架中，单击"插入"面板"常用"选项卡中的"图像"按钮▣·，在弹出的"选择图像源文件"对话框中，选择云盘目录下的"Ch06 > 素材 > 建筑规划网页 > images"文件夹中的"pic.jpg"文件，如图 6-56 所示。单击"确定"按钮，完成图像的插入，效果如图 6-57 所示。

图 6-56　　　　　　　　　　　　　　　　图 6-57

4. 创建图像超链接

步骤① 选中图 6-58 所示的图像，在"属性"面板中，单击"链接"选项右侧的"浏览文件夹"按钮🗀，在弹出的"选择文件"对话框中，选择云盘中的"Ch06 > 素材 > 建筑规划网页 > right.html"文件，单击"确定"按钮，将页面链接到文本框中，在"目标"下拉列表中选择"mainFrame"选项，如图 6-59 所示。

图 6-58　　　　　　　　　　　　　　　　图 6-59

步骤② 选中图 6-60 所示的图像，在"属性"面板中，单击"链接"选项右侧的"浏览文件夹"按钮🗀，在弹出的"选择文件"对话框中，选择云盘中的"Ch06 > 素材 > 建筑规划网页 > ziye.html"文件，单击"确定"按钮，将页面链接到文本框中，在"目标"下拉列表中选择"mainFrame"选项，如图 6-61 所示。

图6-60   图6-61

步骤③ 保存文档，按F12键预览效果，如图6-62所示。单击另一张图像时，效果如图6-63所示。

图6-62   图6-63

6.2.4 【相关工具】

1. 框架属性

选中要查看属性的框架，选择"窗口 > 属性"命令，弹出"属性"面板，如图6-64所示。

图6-64

框架"属性"面板中，各选项的作用如下。

"框架名称"文本框：在该文本框中为框架命名。框架名称以字母开头，由字母、数字和下划线组成。利用此名称，用户可在设置链接时，在"目标"选项中指定打开链接文件的框架。

"源文件"文本框：提示框架当前显示的网页文件的名称及路径。还可利用此选项右侧的"浏览文件"按钮🗀，浏览并选择在框架中打开的网页文件。

"边框"下拉列表：设置框架内是否显示边框。为框架设置"边框"将重写框架集的边框设置。大多数浏览器默认为显示边框，但当父框架集的"边框"设置为"否"且共享该边框的框架的"边框"选项都设置为"默认值"时，或共享该边框的所有框架的"边框"选项都设置为"否"时，边框会被隐藏。

"滚动"下拉列表：设置框架内是否显示滚动条，一般设为"默认"。大多数浏览器将"默认"选项认为是"自动"，即只有在浏览器窗口没有足够的空间显示内容时，才显示滚动条。

"不能调整大小"复选框：设置用户是否可以在浏览器窗口中通过拖曳鼠标手动修改框架的大小。

"边框颜色"按钮：设置框架边框的颜色。此颜色应用于与框架相邻的所有边框，并重写框架集的颜色设置。

"边界宽度"和"边界高度"文本框：以像素为单位设置框架内容和框架边界间的距离。

2. 框架集的属性

选择要查看属性的框架集，选择"窗口 > 属性"命令，弹出"属性"面板，如图 6-65 所示。

框架集"属性"面板中，各选项的作用如下。

图 6-65

"边框"下拉列表：设置框架集中是否显示边框。若显示边框则设置为"是"，若不显示边框则设置为"否"，若允许浏览器确定是否显示边框则设置为"默认"。

"边框颜色"按钮：设置框架集中所有边框的颜色。

"边框宽度"文本框：设置框架集中所有边框的宽度。

"行"或"列"文本框：设置选定框架集的各行和各列的框架大小。

"单位"下拉列表：设置"行"或"列"选项的设定值是相对的还是绝对的。它包括以下 3 个选项值。

① "像素"选项：将"行"或"列"选项设定为以像素为单位的绝对值。对于大小始终保持不变的框架而言，此选项值为最佳选择。

② "百分比"选项：设置行或列相对于其框架集的总宽度和总高度的百分比。

③ "相对"选项：在为"像素"和"百分比"分配框架空间后，为选定的行或列分配其余可用空间，此空间是按比例划分的。

3. 框架中的链接

设定框架的目的是将窗口分成固定的几部分，在网页窗口的固定位置显示固定的内容，如在窗口的顶部显示站点 LOGO、导航栏等。通过导航栏的不同链接，在窗口的其他固定位置显示不同的网页内容，需要使用框架中的链接。

◎ 给每一个框架定义名称

在框架中打开链接文档时，需要通过框架名称来指定文档在浏览器窗口中显示的位置。建立框架时，系统会给每个框架分配一个默认名称。用户可以重命名每个框架，以便明确框架名称代表浏览器窗口的相应位置。具体操作步骤如下。

步骤 ❶ 选择"窗口 > 框架"命令，弹出"框架"面板，单击要命名的框架边框选择该框架，如图 6-66 所示。

步骤 ❷ 选择"窗口 > 属性"命令，弹出"属性"面板，在"框架名称"文本框中输入框架的新名称，如图 6-67 所示。

图 6-66   图 6-67

步骤③ 重复步骤1和步骤2，为不同的框架命名。

◎ 创建框架中的链接

步骤① 选择链接对象。

步骤② 选择"窗口 > 属性"命令，弹出"属性"面板，如图6-68所示。利用"链接"文本框和"目标"下拉列表，设定链接的源文件和链接文件。

链接文本框：用于指定链接的源文件。

目标下拉列表：用于指定链接文件打开的窗口或框架窗口，其中包括"_blank""_parent""_self""_top"和具体的框架名称选项。

"_blank"选项：表示在新的浏览器窗口中打开链接网页。

"_parent"选项：表示在父级框架窗口中或包含该链接的框架窗口中打开链接网页。一般只有在使用框架时，才选用此选项。

"_self"选项：是默认选项，表示在当前窗口或框架窗口中打开链接网页。

"_top"选项：表示在整个浏览器窗口中打开链接网页，并删除所有框架。一般只有在使用多级框架时，才选用此选项。

具体的框架名称选项用于指定打开链接网页的具体框架窗口，一般只有在包含框架的网页中，才会出现此选项。

◎ 改变框架的背景颜色

通过"页面属性"对话框设置背景颜色的具体操作步骤如下。

步骤① 将光标放置在要设置背景颜色的框架中。

步骤② 选择"修改 > 页面属性"命令，弹出"页面属性"对话框，单击"背景颜色"按钮□，在弹出式颜色选择器中选择一种颜色，如图6-69所示，单击"确定"按钮完成设置。

图6-68　　　　　　　　　　　　　　　　　图6-69

6.2.5 【实战演练】——阳光外语小学网页

使用"矩形热点"工具，设置链接效果；使用"目标"下拉列表，指定页面的显示区域。最终效果参看云盘中的"Ch06 > 效果 > 阳光外语小学网页 > index.html"，如图6-70所示。

微课：阳光外
语小学网页

图 6-70

6.3 综合演练——健康定制网页 1

6.3.1 【案例分析】

随着现代人生活压力的不断增大，健康就成了不可忽视的问题，健康定制可以根据用户的身体情况为其定制相关的治疗方案。网页设计要求合理地配色和编排，体现出健康、简约的特点。

6.3.2 【设计理念】

银灰色的背景体现网站的品质；清晰明快的编排方式给人简约、大气的感觉，与网页的主题相呼应；整体设计简洁直观，让人一目了然，宣传性强。

6.3.3 【知识要点】

使用"新建"命令，新建空白页面；使用"插入"菜单，插入新建页；使用"保存全部"命令，将框架全部保存；使用"图像"按钮，制作完整的框架网页效果。最终效果参看云盘中的"Ch06 > 效果 > 健康定制网页 1 > index.html"，如图 6-71 所示。

微课：健康
定制网页 1

图 6-71

6.4　综合演练——健康定制网页 2

6.4.1　【案例分析】

本案例是为健康定制网页制作子页面，页面要求简洁直观、清晰明确地展示出企业的相关信息，并与首页的设计相呼应。

6.4.2　【设计理念】

子页面与首页采用相同的配色和布局，使整体设计具有连贯性；橙色的标签使展示的内容清晰明确，让人一目了然，明快的配色给人阳光、健康的印象，与网页的主题内容相呼应；整体设计醒目直观，宣传性强。

6.4.3　【知识要点】

使用"链接"文本框，设置链接效果；使用"目标"下拉列表，设置链接的显示区域。最终效果参看云盘中的"Ch06 > 效果 > 健康定制网页 2 > index.html"，如图 6-72 所示。

图 6-72

微课：健康
定制网页 2

07

第 7 章
使用层

如果用户想在网页上实现多个元素重叠的效果，可以使用层。层是网页中的一个区域，并且游离在文档之上。使用层可以精确定位和重叠网页元素。通过设置不同层的显示或隐藏，可以实现特殊的效果。因此，在掌握层技术之后，就可以在网页制作中轻松地控制页面。

课堂学习目标

- ✔ 层的基本操作
- ✔ 嵌套层的应用
- ✔ 应用层设计表格

7.1　联创网络技术网页

7.1.1　【案例分析】

网络技术是把互联网上分散的资源融为有机的整体，实现资源的全面共享和协作，使人们能够透明地使用资源并按需获取信息。本例制作网络技术网页，要求表现出网络的科技与创新。

7.1.2　【设计理念】

采用灰色背景，使页面给人以时尚大气的感觉；文字内容平铺在灰色和蓝色的长方形色块上，与后面的人物相呼应，使画面具有空间感，科技感强烈；整个页面设计直观大方，具有设计感，黑白灰的色彩运用展现出科技创新感。最终效果参看云盘中的"Ch07 ＞ 效果 ＞ 联创网络技术网页 ＞ index.html"，如图 7-1 所示。

微课：联创网络技术网页

图 7-1

7.1.3　【操作步骤】

步骤① 选择"文件 ＞ 打开"命令，在弹出的"打开"对话框中，选择云盘中的"Ch07 ＞ 素材 ＞ 联创网络技术网页 ＞ index.html"文件，单击"打开"按钮打开文件，如图 7-2 所示。

步骤② 选择"修改 ＞ 页面属性"命令，弹出"页面属性"对话框，在左侧的"分类"列表框中选择"外观（CSS）"选项，将"左边距""右边距""上边距"和"下边距"均设为 0，如图 7-3 所示。单击"确定"按钮，完成页面属性的修改。

图 7-2　　　　　　　　　　　　　　　　　　　　　图 7-3

步骤③ 单击"插入"面板"布局"选项卡中的"绘制 AP Div"按钮，在页面中拖动鼠标绘制一个矩形层，如图 7-4 所示。在按住 Ctrl 键的同时，绘制多个层，效果如图 7-5 所示。

图 7-4

图 7-5

步骤④ 将光标置入第一个层中，单击"插入"面板"常用"选项卡中的"图像"按钮，弹出"选择图像源文件"对话框，选择云盘目录下"Ch07 > 素材 > 联创网络技术网页 > images"文件夹中的"img_0.png"文件，单击"确定"按钮，完成图片的插入，效果如图 7-6 所示。

步骤⑤ 使用相同的方法在其他层中插入图像，效果如图 7-7 所示。保存文档，按 F12 键预览效果，如图 7-8 所示。

图 7-6

图 7-7

图 7-8

7.1.4 【相关工具】

1. 创建并编辑层

若想利用层来定位网页元素，先要创建层，再根据需要在层内插入其他表单元素。有时为了布局，还可以显示或隐藏层边框。

◎ 创建层

创建层有以下 4 种方法。

① 单击"插入"面板"布局"选项卡中的"绘制 AP Div"按钮 ，在文档窗口中，鼠标指针变为"+"形状，按住鼠标左键拖曳，绘制一个矩形层，如图 7-9 所示。

② 将"插入"面板"布局"选项卡中的"绘制 AP Div"按钮 拖曳到文档窗口中，松开鼠标左键，在文档窗口中出现一个矩形层，如图 7-10 所示。

③ 将光标放置到文档窗口中要插入层的位置，选择"插入 ＞ 布局对象 ＞ AP Div"命令，在光标所在位置插入新的矩形层。

④ 单击"插入"面板"布局"选项卡中的"绘制 AP Div"按钮 ，在文档窗口中，鼠标指针变为"+"形状，在按住 Ctrl 键的同时，按住鼠标左键拖曳，绘制一个矩形层。只要不松开 Ctrl 键，就可以继续绘制新的层，如图 7-11 所示。

默认情况下，每当用户创建一个新的层，都会使用 DIV 标志该层，并在网页左上角显示层标记，如图 7-11 所示。

图 7-9　　　　　　　　　　　图 7-10　　　　　　　　　　　图 7-11

若要显示层标记，首先选择"查看 ＞ 可视化助理 ＞ 不可见元素"命令，如图 7-12 所示，使"不可见元素"命令呈选中状态。然后选择"编辑 ＞ 首选参数"命令，弹出"首选参数"对话框，选择"分类"列表框中的"不可见元素"选项，选择右侧的"AP 元素的锚点"复选框，如图 7-13 所示。单击"确定"按钮完成设置，这时在网页的左上角显示层标记。

图 7-12

图 7-13

◎ 显示或隐藏层边框

若要显示或隐藏层边框，可选择"查看 > 可视化助理 > 隐藏所有"命令，或按 Ctrl+Shift+I 组合键。

2. 选择层

◎ 选择一个层

（1）利用层面板选择一个层

图 7-14

选择"窗口 > AP 元素"命令，弹出"AP 元素"面板，如图 7-14 所示。在"AP 元素"面板中，单击该层的名称。

（2）利用文档窗口选择一个层

在文档窗口中选择一个层有以下 3 种方法。

① 单击一个层的边框。

② 在按住 Ctrl+Shift 组合键的同时，单击要选择的图层，即可选中。

③ 单击一个选层的选择柄。如果选择柄不可见，则可以在该层中的任意位置单击以显示该选择柄。

◎ 选定多个层

选定多个层有以下两种方法。

① 选择"窗口 > AP 元素"命令，弹出"AP 元素"面板。在面板中，按住 Shift 键并单击两个或更多的层名称。

② 在文档窗口中按住 Shift 键并在两个或更多个层的边框内（或边框上）单击。当选定多个层时，当前层的大小调整柄将以蓝色突出显示，其他层的大小调整柄则以白色显示，如图 7-15 所示。用户只能对当前层进行操作。

3. 设置层的默认属性

当层插入后，其属性为默认值，如果想查看或修改层的属性，选择"编辑 > 首选参数"命令，弹出"首选参数"对话框。在"分类"列表框中选择"AP 元素"选项，可查看或修改层的默认属性，如图 7-16 所示。

图 7-15

图 7-16

"首选参数"对话框中，各选项的作用如下。

"显示"下拉列表：设置层的初始显示状态，其中包含以下几个选项。

"default"选项：默认值，一般情况下，大多数浏览器都会默认为"inherit"。

"inherit"选项：继承父级层的显示属性。

"visible"选项：表示不管父级层是什么，都显示层的内容。

"hidden"选项：表示不管父级层是什么，都隐藏层的内容。

"宽"和"高"文本框：定义层的默认大小。

"背景颜色"选项：设置层的默认背景颜色。

"背景图像"选项：设置层的默认背景图像。单击右侧的 浏览(B)... 按钮，可选择背景图像文件。

"嵌套"选项：设置在层出现重叠时，是否采用嵌套方式。

4. AP 元素面板

通过"AP 元素"面板可以管理网页文档中的层。选择"窗口 > AP 元素"命令，调出"AP 元素"面板，如图 7-17 所示。使用"AP 元素"面板可以防止层重叠、更改层的可见性、将层嵌套或层叠以及选择一个或多个层。

图 7-17

5. 更改层的堆叠顺序

排版时，经常需要控制叠放在一起的不同网页元素的显示顺序，以实现特殊的效果，这可通过修改选定层的 Z 轴属性值实现。

层的显示顺序与 Z 轴值的顺序一致。Z 值越大，层的位置越靠前。在"AP 元素"面板中，按照堆叠顺序排列层的名称，如图 7-18 所示。

◎ 在"AP 元素"面板中更改层的堆叠顺序

步骤① 选择"窗口 > AP 元素"命令，弹出"AP 元素"面板。

步骤② 在"AP 元素"面板中，将层向上或向下拖曳至所需的堆叠位置。

图 7-18

◎ 在"属性"面板中更改层的堆叠顺序

步骤① 选择"窗口 > AP 元素"命令，弹出"AP 元素"面板。

步骤② 在"AP 元素"面板或文档窗口中选择一个层。

步骤③ 在"属性"面板的"Z 轴"文本框中输入一个更高或更低的编号，使当前层沿着堆叠顺序向上或向下移动，效果如图 7-19 所示。

调整前　　　　　　　　　　　　　　　　调整后

图 7-19

6. 更改层的可见性

处理文档时,可以使用"AP 元素"面板手动设置显示或隐藏层,来查看层在不同条件下的显示方式。更改层的可见性有以下两种方法。

(1)使用"AP 元素"面板更改层的可见性

选择"窗口 > AP 元素"命令,弹出"AP 元素"面板。在层的眼睛图标列 内单击,可以更改其可见性,如图 7-20 所示。眼睛睁开表示该层是可见的,眼睛闭合表示该层是不可见的。如果没有眼睛图标,则该层通常会继承其父级层的可见性。如果层没有嵌套,则父级层就是文档正文,而文档正文始终是可见的,因为此层默认是可见的。

图 7-20

(2)使用"属性"面板更改层的可见性

选择一个或多个层,修改"属性"面板中的"可见性"选项。选择"visible"选项时,无论父级层如何设置,都显示层的内容;选择"hidden"选项时,无论父级层如何设置,都隐藏层的内容;选择"inherit"选项时,继承父级层的显示属性,若父级层可见,则显示该层,若父级层不可见,则隐藏该层。

> **提示** 当前选定层总是可见的,它在被选定时会出现在其他层的前面。

7. 调整层的大小

用户可以调整单个层的大小,也可以同时调整多个层的大小,以使它们具有相同的宽度和高度。

◎ 调整单个层的大小

选择一个层后,调整该层的大小有以下 4 种方法。

① 使用鼠标拖曳方式。拖曳该层边框上的任一调整柄到合适的位置。

② 使用键盘方式。同时按键盘上的方向键和 Ctrl 键,可调整 1 像素的大小。

③ 使用网格靠齐方式。同时按键盘上的方向键和 Shift+Ctrl 组合键可按网格靠齐增量来调整大小。

④ 使用修改属性值方式。在"属性"面板中修改"宽"和"高"的值。

> **提示** 调整层的大小会更改该层的宽度和高度,并不定义该层的内容和可见性。

◎ 同时调整多个层的大小

选择多个层后,同时调整多个层的大小有以下 3 种方法。

① 使用菜单命令。选择"修改 > 排列顺序 > 设成宽度相同"命令或"修改 > 排列顺序 > 设成高度相同"命令。

② 使用快捷键。按 Ctrl+Shift+7 组合键或 Ctrl+Shift+9 组合键,以当前层为标准,同时调整多个层的宽度或高度。

> **提示** 以当前层的大小为基准,如图 7-21 所示。

图 7-21

③ 使用修改属性值方式。选择多个层，在"属性"面板中修改"宽"和"高"的值。

8. 嵌套层

嵌套层是指包含在另一个层中的层。嵌套通常用于将层组织在一起，嵌套层的形式如图 7-22 所示。

◎ 创建嵌套层

创建嵌套层有以下 3 种方法。

① 使用菜单命令。将插入点置入现有层中，选择"插入 > 布局对象 > AP Div"命令。

② 使用按钮拖曳。将"插入"面板"布局"选项卡中的"绘制 AP Div"按钮 拖曳至现有层中。

③ 使用按钮绘制。选择"编辑 > 首选参数"命令，弹出"首选参数"对话框，在"分类"列表框中选择"AP 元素"选项，在右侧勾选"在 AP Div 中创建以后嵌套"复选框。单击"插入"面板"布局"选项卡中的"绘制 AP Div"按钮 ，然后拖曳鼠标在现有层中绘制一个层，还可以在按住 Ctrl 键的同时，拖曳鼠标在现有层中绘制一个嵌套层。

◎ 嵌套层的注意事项

嵌套层的本质是一层的 HTML 代码嵌套于另一层的 HTML 代码之内。可以使用拖曳的方法判断两个或多个层是否嵌套，嵌套层随其父级层一起移动，并且继承其父级层的可见性。

9. 移动层

移动层的操作非常简单，可以按照在大多数图形应用程序中移动对象的方法在"设计"视图中移动层。移动一个或多个选定层有以下两种方法。

（1）拖曳选择柄来移动层

在"设计"视图中选择一个或多个层，然后拖曳当前层（蓝色突出显示）的选择柄 ，移动选定层的位置，如图 7-23 所示。

图 7-22　　　　　　　　　　　　　　　　　图 7-23

（2）按方向键来移动层

在"设计"视图中选择一个或多个层，然后按 Shift 键的同时按方向键，则按 10 个像素大小来移动选定层。

> 如果已勾选"AP 元素"控制面板中的**"防止重叠"**复选框，那么在移动层时，将无法使层相互重叠。

10. 对齐层

使用层对齐命令，以当前层的边框为基准对齐一个或多个层。当对选定层进行对齐时，未选定的子层可能会因其父级层被选定并移动而随之移动。为了避免这种情况，不要使用嵌套层。对齐两个或更多个层有以下两种方法。

（1）使用菜单命令对齐层

在文档窗口中选择多个层，然后选择"修改 > 排列顺序"命令，在其子菜单中选择一个对齐选项。例如，选择"左对齐"选项，则所有层都会按当前层的左边框对齐，如图 7-24 所示。

> 对齐以当前层（蓝色突出显示）为基准。

（2）使用"属性"面板对齐层

在文档窗口中选择多个层，在"属性"面板的"左"文本框中输入具体数值，则以多个层的左边框相对于页面左侧的位置来对齐，如图 7-25 所示。

图 7-24   图 7-25

11. 层靠齐到网格

在移动网页元素时，可以让其自动靠齐到网格，还可以指定网格设置来更改网格或控制靠齐行为。无论网格是否可见，都可以使用靠齐功能。

应用 Dreamweaver CS6 中的靠齐功能，可以在拖曳层的过程中使其自动吸附到网格。可以设置层与网格线之间靠齐的距离。

◎ 层靠齐到网格

选择"查看 > 网格设置 > 靠齐到网格"命令，选择一个层并拖曳它，当拖曳它靠近网格线一定距离时，该层会自动跳到最近的靠齐位置，如图 7-26 所示。

◎ 更改网格设置

选择"查看 > 网格设置 > 网格设置"命令，弹出"网格设置"对话框，如图 7-27 所示，根据需要完成设置后，单击"确定"按钮。

图 7-26

图 7-27

"网格设置"对话框中，各选项的作用如下。

"颜色"选项：设置网格线的颜色。

"显示网格"复选框：使网格在文档窗口的"设计"视图中可见。

"靠齐到网格"复选框：使页面元素靠齐到网格线。

"间隔"选项组：设置网格线的间距。

"显示"选项组：设置网格线是显示为线条，还是显示为点。

7.1.5　【实战演练】——时尚前沿网页

使用"绘制 AP Div"按钮，绘制层；使用"图像"按钮，在绘制的图层中插入图像；使用"CSS 样式"命令，设置背景图像。最终效果参看云盘中的"Ch07 > 效果 > 时尚前沿网页 > index.html"，如图 7-28 所示。

图 7-28

微课：时尚
前沿网页

7.2 海贷金融网页

7.2.1 【案例分析】

海贷金融为企业提供贷款、融资租赁及其他经济合同担保，并适时提供具有核心价值的增值服务，助推伙伴企业资本尽快融通，使企业得到更快发展。设计网页时要体现新手福利信息，促使更多企业加入，达到宣传的目的。

7.2.2 【设计理念】

标志和导航栏的设计简洁明快，方便用户浏览信息。选用单色的背景能更好地衬托优惠信息的内容，从而有效地吸引更多人点击。网页设计简洁直观，具有特色。最终效果参看云盘中的"Ch07 > 效果 > 海贷金融网页 > index.html"，如图 7-29 所示。

微课：海贷
金融网页

图 7-29

7.2.3 【操作步骤】

步骤❶ 选择"文件 > 打开"命令，在弹出的"打开"对话框中，选择云盘中的"Ch07 > 素材 > 海贷金融网页 > index.html"文件，单击"打开"按钮打开文件，如图 7-30 所示。

步骤❷ 选择"修改 > 转换 > 将表格转换为 AP Div"命令，在弹出的"将表格转换为 AP Div"对话框中进行设置，如图 7-31 所示。

图 7-30   图 7-31

步骤③ 单击"确定"按钮，表格转换为层，效果如图 7-32 所示。保存文档，按 F12 键预览效果，如图 7-33 所示。

图 7-32

图 7-33

7.2.4 【相关工具】

1. 将 AP Div 转换为表格

◎ 转换为表格

如果使用层创建布局的网页要在较老版本的浏览器中查看，需要将 AP Div 转换为表格。选择"修改 > 转换 > 将 AP Div 转换为表格"命令，弹出"将 AP Div 转换为表格"对话框，如图 7-34 所示。根据需要完成设置后，单击"确定"按钮。

"将 AP Div 转换为表格"对话框中，各选项的作用如下。

"表格布局"选项组包含以下几个选项。

"最精确"单选按钮：为每个 AP Div 创建一个单元格，并添加一些额外的单元格来保持相邻两个 AP Div 之间的距离。

图 7-34

"最小"单选按钮：合并单元格，删除空单元格。如果选择此项，表格将包含较少的空行和空列，但是最好不要选中此项，以免生成的表格可能与网页布局不能精确匹配。当选择此项时，可以设置一个最小像素值，当小于该像素值时，会合并单元格。

"使用透明 GIFs"复选框：用透明的 GIF 填充表的最后一行，确保该表在所有浏览器中以相同的列宽显示。但启用此复选框后，不能通过拖动表列来编辑结果表格。禁用此复选框后，结果表格将不包含透明 GIF，但不同的浏览器可能会出现不同的列宽。

"置于页面中央"复选框：将结果表格放置在页面的中央。禁用此复选框，表格将与页面的左边缘对齐。

"布局工具"选项组包含以下 4 个选项。

"防止重叠"复选框：Dreamweaver CS6 无法从重叠层创建表格，所以一般选择此复选框，防止层重叠。

"显示 AP 元素面板"复选框：设置是否显示层属性面板。

"显示网格"复选框：设置是否显示辅助定位的网格。

"靠齐到网格"复选框：设置是否启用靠齐到网格功能。

◎ 防止层重叠

因为表单元格不能重叠，所以 Dreamweaver CS6 无法从重叠层创建表格。如果要将一个文档中的层转换为表格，以兼容 IE 3.0 浏览器，则选择"防止重叠"复选框来约束层的移动和定位，使层不会重叠。防止层重叠有以下两种方法。

① 选择"AP 元素"面板中的"防止重叠"复选框，如图 7-35 所示。

② 选择"修改 > 排列顺序 > 防止 AP 元素重叠"命令，如图 7-36 所示。

图 7-35

图 7-36

勾选"防止重叠"复选框后，Dreamweaver CS6 不会自动修正页面上现有的重叠层，需要在"设计"视图中手工拖曳各重叠层，使其分离。即使选择了"防止重叠"复选框，某些操作也会导致层重叠。例如，使用"插入"菜单插入一个层，在"AP 元素"面板中输入层的级别，或者通过编辑 HTML 源代码来重定位层，这些操作都会导致层重叠。此时，需要在"设计"视图中手工拖曳各重叠层，使其分离。

2. 将表格转换为 AP Div

当不满意页面布局时，就需要对其进行调整，但因为层布局要比表格布局调整起来方便，所以需要将表格转换为 AP Div。将表格转换为 AP Div 的方法为：选择"修改 > 转换 > 将表格转换为 AP Div"命令，弹出"将表格转换为 AP Div"对话框，如图 7-37 所示。根据需要完成设置后，单击"确定"按钮。

图 7-37

"将表格转换为 AP Div"对话框中，各选项的作用如下。

"防止重叠"复选框：用于防止 AP 元素重叠。

"显示 AP 元素面板"复选框：设置是否显示"AP 元素"面板。

"显示网格"复选框：设置是否显示辅助定位的网格。

"靠齐到网格"复选框：设置是否启用"靠齐到网格"功能。

一般情况下，空白单元格不会转换为 AP Div，但具有背景颜色的空白单元格除外。将表格转换为 AP Div 时，位于表格外的页面元素也会被放入层中。

提示

不能转换单个表格或层，只能将整个网页的层转换为表格或将整个网页的表格转换为层。

7.2.5 【实战演练】——信业融资网页

使用"将表格转换为 AP Div"命令，将表格转换为层。最终效果参看云盘中的"Ch07 > 效果 >

信业融资网页 > index.html"，如图 7-38 所示。

微课：信业
融资网页

图 7-38

7.3 综合演练——投资理财网页

7.3.1 【案例分析】

投资理财是对个人、家庭和企事业单位资产进行管理和分配，达到保值增值的目的，从而加速资产的增长。网页设计要求体现行业特色。

7.3.2 【设计理念】

使用模糊的理财操作照片作为背景，呼应主题并起到衬托的效果，突出画面中的主要内容；网页的信息内容使用矩形框展示，图标和文字信息搭配合理舒适，整体风格简单大方，充分体现行业严谨正规的特色。

7.3.3 【知识要点】

使用"绘制 AP Div"按钮，绘制层；使用"属性"面板，设置层的属性；使用"AP 元素"面板，选择层；使用"图像"按钮，在绘制的图层中插入图像。最终效果参看云盘中的"Ch07 > 效果 > 投资理财网页 > index.html"，如图 7-39 所示。

微课：投资
理财网页

图 7-39

7.4　综合演练——购物狂欢节网页

7.4.1　【案例分析】

随着网购的风靡，各大电商网站的促销活动逐渐增多，与此相关的购物节层出不穷。网页设计要求体现购物狂欢节的优惠信息，激发人们的购买欲望。

7.4.2　【设计理念】

网页使用醒目的标题和背景，突出页面的主题，标题的文字具有设计感。下方的优惠信息清晰明了，使人一目了然。图文搭配合理，优惠信息突出，符合网页想要表达的内容。

7.4.3　【知识要点】

使用"将 AP Div 转换为表格"命令，将层转换为表格。最终效果参看云盘中的"Ch07 > 效果 > 购物狂欢节网页 > index.html"，如图 7-40 所示。

图 7-40

微课：购物
狂欢节网页

08

第 8 章
CSS 样式

层叠样式表（Cascading Style Sheets，CSS）是 W3C 组织批准的一个辅助 HTML 设计的新特性，能保持整个 HTML 的外观统一。CSS 的功能强大、操作灵活，当用 CSS 改变一个文件的外观时，可以同时改变数百个文件的外观，而且个性化的表现更能吸引访问者。

课堂学习目标

✔ CSS 样式的概念
✔ CSS 的属性
✔ CSS 样式的类型与创建
✔ 过滤器

国画展览馆网页

8.1.1 【案例分析】

国画主要是指画在绢、宣纸、帛上并加以装裱的卷轴画。国画是汉族的传统绘画形式，在内容和艺术创作上，体现了古人对自然、社会及与之相关联的政治、哲学、宗教、道德、文艺等方面的认识。要求网页设计体现出国画的特色和传统文化的魅力。

8.1.2 【设计理念】

使用纯白色作为底色，搭配大幅的国画图片，使整个画面具有大气古朴的风格特色；前方的黑白透明圆形与背景搭配适宜，使文字内容突显，让人一目了然；整体设计简单、大气，具有中国传统文化特色，使人印象深刻。最终效果参看云盘中的"Ch08 > 效果 > 国画展览馆网页 > index.html"，如图 8-1 所示。

微课：国画
展览馆网页

图 8-1

8.1.3 【操作步骤】

步骤① 选择"文件 > 打开"命令，在弹出的"打开"对话框中，选择云盘中的"Ch08 > 素材 > 国画展览馆网页 > index.html"文件，单击"打开"按钮打开文件，如图 8-2 所示。

步骤② 选择"窗口 > CSS 样式"命令，弹出"CSS 样式"面板，单击面板下方的"新建 CSS 规则"按钮 ，在弹出的"新建 CSS 规则"对话框中进行设置，如图 8-3 所示。

图 8-2

图 8-3

步骤③ 单击"确定"按钮，弹出".text 的 CSS 规则定义"对话框，在左侧的"分类"列表框中选择"类型"选项，将"Font-family"设为"微软雅黑"，"Font-size"设为 18，如图 8-4 所示。单击"确定"按钮，完成.text 样式的创建。选中图 8-5 所示的文字。

图 8-4   图 8-5

步骤④ 在"属性"面板"类"下拉列表中选择"text"选项，应用样式，如图 8-6 所示，效果如图 8-7 所示。

图 8-6   图 8-7

步骤⑤ 单击"CSS 样式"面板下方的"新建 CSS 规则"按钮，在弹出的"新建 CSS 规则"对话框中进行设置，如图 8-8 所示。

步骤⑥ 单击"确定"按钮，弹出".text1 的 CSS 规则定义"对话框，在左侧的"分类"列表框中选择"类型"选项，将"Font-family"设为"微软雅黑"，"Font-size"设为 12，"Font-height"设为 150%，如图 8-9 所示。单击"确定"按钮，完成.text1 样式的创建。

图 8-8   图 8-9

步骤⑦ 选中图 8-10 所示的文字。在"属性"面板的"类"下拉列表中选择"text1"选项，应用样式，效果如图 8-11 所示。

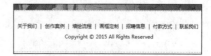

图 8-10   图 8-11

步骤⑧ 保存文档，按 F12 键预览效果，如图 8-12 所示。

图 8-12

8.1.4 【相关工具】

1. CSS 样式的概念

层叠样式表或级联样式表（Cascading Style Sheet，CSS）是对 HTML 3.2 之前版本的语法变革，将某些 HTML 标签属性简化。例如，要将一段文字的大小变成 36 像素，在 HTML 3.2 中写成"<p><font size="36">文字的大小</font></p>"，标签的层层嵌套使 HTML 程序臃肿不堪，而使用层叠样式表可以简化 HTML 标签属性，写成"<p style="font-size:36px">文字的大小</p>"即可。

层叠样式表是 HTML 的一部分，它将对象引入 HTML 中，可以通过脚本程序调用和改变对象的属性，从而产生动态效果。例如，要实现将鼠标指针移至文字上时，文字字号变大的效果，用层叠样式表写成"<p onMouseOver="className='aa'">动态文字</p>"即可。

2. "CSS 样式"面板

使用"CSS 样式"面板可以创建、编辑和删除 CSS 样式，并且可以将外部样式表附加到文档中。

◎ 打开"CSS 样式"面板

打开"CSS 样式"面板有以下两种方法。

① 选择"窗口 > CSS 样式"命令。

② 按 Shift+F11 组合键。

"CSS 样式"面板如图 8-13 所示，它由样式列表和底部的按钮组成。样式列表用于查看与当前文档相关联的样式定义以及样式的层次结构。"CSS 样式"面板可以显示自定义 CSS 样式、重定义的 HTML 标签和 CSS 选择器

图 8-13

样式的样式定义。

"CSS 样式"面板底部有 5 个快捷按钮，分别为"附加样式表"按钮 📧、"新建 CSS 规则"按钮 🔁、"编辑样式表"按钮 ✏️、"删除 CSS 规则"按钮 🗑️ 和"禁用/启用 CSS 属性"按钮 🚫，它们的含义如下。

"附加样式表"按钮 📧：用于将创建的样式表附加到页面或复制到站点中。

"新建 CSS 规则"按钮 🔁：用于创建自定义 CSS 样式、重定义的 HTML 标签和 CSS 选择器样式。

"编辑样式表"按钮 ✏️：用于编辑当前文档或外部样式表中的样式。

"删除 CSS 规则"按钮 🗑️：用于删除"CSS 样式"面板中所选的样式，应用于元素中的该样式也一并删除。

"禁用/启用 CSS 属性"按钮 🚫：用于禁用或启用"CSS 样式"面板中所选的属性。

◎ 样式表的功能

层叠样式表是 HTML 格式的代码，浏览器处理起来速度比较快。样式表的功能归纳如下。

① 灵活控制网页中文字的字体、颜色、大小、位置、间距等。

② 方便地为网页中的元素设置不同的背景颜色和背景图片。

③ 精确控制网页各元素的位置。

④ 为文字或图片设置滤镜效果。

⑤ 与脚本语言结合制作动态效果。

3．CSS 样式的类型

层叠样式表是一系列格式规则，它们控制网页各元素的定位和外观，实现 HTML 无法实现的效果。在 Dreamweaver CS6 中，可以应用的样式分为重定义 HTML 标签样式、CSS 选择器样式和自定义样式 3 类。

◎ 重定义 HTML 标签样式

重定义 HTML 标签样式是重定义某一 HTML 标签的默认格式，从而使网页中所有该标签的样式都自动随之变化。例如，重新定义图片边框线为红色双边线，则页面中所有图片的边框都会自动修改。原图效果如图 8-14 所示，重定义 img 标签后的效果如图 8-15 所示。

◎ CSS 选择器样式

一般网页中某些特定的网页元素使用 CSS 选择器样式。例如，设置 ID 为第 2 列中的图片更改边框样式，如图 8-16 所示。

图 8-14

图 8-15

图 8-16

◎ 自定义样式

先定义一个样式，然后选择不同的网页元素应用此样式。一般情况下，自定义样式与脚本程序配合改变对象的属性，从而产生动态效果。例如，将多个表格的标题行背景色均设置为黄色，如图 8-17 所示。

图 8-17

4. 重定义 HTML 标签样式

当重新定义某个 HTML 标签的默认格式后，网页中的该 HTML 标签元素都会自动变化。因此，当需要修改网页中某个 HTML 标签的所有样式时，只需重新定义该 HTML 标签样式即可。

◎ 打开"新建 CSS 规则"对话框

打开图 8-18 所示的"新建 CSS 规则"对话框，有以下 5 种方法。

① 在"CSS 样式"面板中，单击"新建 CSS 规则"按钮 。

② 在"设计"视图的文档窗口中单击鼠标右键，在弹出的快捷菜单中选择"CSS 样式 > 新建"命令，如图 8-19 所示。

图 8-18

图 8-19

③ 单击"CSS 样式"面板右上方的菜单按钮 ，在弹出的下拉菜单中选择"新建"命令，如图 8-20 所示。

④ 选择"格式 > CSS 样式 > 新建"命令。

⑤ 在"CSS 样式"面板中单击鼠标右键，在弹出的快捷菜单中选择"新建"命令，如图 8-21 所示。

图 8-20

图 8-21

◎ 重新定义 HTML 标签样式

具体操作步骤如下。

步骤① 将光标移至文档中，打开"新建 CSS 规则"对话框。

步骤② 在"选择器类型"下拉列表中选择"标签（重新定义 HTML 元素）"选项；在"选择器名称"下拉列表中选择要更改的 HTML 标签，如图 8-22 所示；在"规则定义"下拉列表中选择定义样式的位置，如果不创建外部样式表，则选择"仅限该文档"选项。单击"确定"按钮，弹出"img 的 CSS 规则定义"对话框，如图 8-23 所示。

图 8-22　　　　　　　　　　　　　　　　　　　　　　图 8-23

步骤③ 根据需要设置 CSS 属性，单击"确定"按钮完成设置。

5. 创建 CSS 选择器

若要为某个具体标签组合或所有包含特定 ID 属性的标签定义格式，只需创建 CSS 选择器而无须应用。一般情况下，利用创建 CSS 选择器的方式设置链接文本的 4 种状态，分别为鼠标指针点击时的状态"a:active"、鼠标指针经过时的状态"a:hover"、未点击时的状态"a:link"和已访问过的状态"a:visited"。

◎ 重定义链接文本的状态

若重定义链接文本的状态，则需创建 CSS 选择器，其具体操作步骤如下。

步骤① 将光标移至文档中，打开"新建 CSS 规则"对话框。

步骤② 在"选择器类型"下拉列表中选择"复合内容（基于选择的内容）"选项；在"选择器名称"下拉列表中选择要重新定义链接文本的状态，如图 8-24 所示；在"规则定义"下拉列表中选择定义样式的位置，如果不创建外部样式表，则选择"（仅限该文档）"选项。单击"确定"按钮，弹出"a:hover的 CSS 规则定义"对话框，如图 8-25 所示。

步骤③ 根据需要设置 CSS 属性，单击"确定"按钮完成设置。

◎ 定义某个特定网页对象的样式

若修改某个特定网页对象的外观，则需先定义该网页对象的 ID 属性名，然后为该对象创建 CSS 选择器样式，其具体操作步骤如下。

图 8-24   图 8-25

步骤① 选择"窗口 > 标签检查器"命令，弹出"标签检查器"面板。在文档窗口中选择某个特定网页元素，在面板的"id"属性中自定义一个名称，如图 8-26 所示。

图 8-26

步骤② 将光标移至文档中，打开"新建 CSS 规则"对话框。

步骤③ 在"选择器类型"下拉列表中选择"ID（仅应用于一个 HTML 元素）"选项；在"选择器名称"文本框中输入"#对象名称"，如图 8-27 所示；在"规则定义"下拉列表中选择定义样式的位置，如果不创建外部样式表，则选择"（仅限该文档）"选项。单击"确定"按钮，弹出"#pic01 的 CSS 规则定义"对话框，如图 8-28 所示。

图 8-27   图 8-28

步骤④ 根据需要设置 CSS 属性，单击"确定"按钮完成设置。

6. 创建和应用自定义样式

若要为不同的网页元素设定相同的格式，可先创建一个自定义样式，然后将它应用到文档的网页元素上。

◎ 创建自定义样式

具体操作步骤如下。

步骤① 将光标移至文档中，打开"新建 CSS 规则"对话框。

步骤② 在"选择器类型"下拉列表中选择"类（可应用于任何 HTML 元素）"选项；在"选择器名称"文本框中输入自定义样式的名称，如".text"；在"规则定义"下拉列表中选择定义样式的位置，如果不创建外部样式表，则选择"（仅限该文档）"选项。单击"确定"按钮，弹出".text 的 CSS 规则定义"对话框，如图 8-29 所示。

步骤③ 根据需要设置 CSS 属性，单击"确定"按钮完成设置。

◎ 应用样式

创建自定义样式后，还要为不同的网页元素应用不同的样式，其具体操作步骤如下。

步骤① 在文档窗口中选择网页元素。

步骤② 在文档窗口左下方的⟨p⟩标签上单击鼠标右键，在弹出的快捷菜单中选择"设置类 > text"命令，如图 8-30 所示，此时该网页元素应用样式修改了外观。若想撤销应用的样式，则在文档窗口左下方的标签上单击鼠标右键，在弹出的快捷菜单中选择"设置类 > 无"命令即可。

图 8-29

图 8-30

7. 创建和引用外部样式

不同网页的不同网页元素需要应用同一样式时，可通过引用外部样式来实现。首先创建一个外部样式，然后在不同网页的不同 HTML 元素中引用定义好的外部样式。

◎ 创建外部样式

具体操作步骤如下。

步骤① 打开"新建 CSS 规则"对话框。

步骤② 在"规则定义"下拉列表中选择"（新建样式表文件）"选项，在"选择器名称"文本框中输入名称，如图 8-31 所示。单击"确定"按钮，弹出"将样式表文件另存为"对话框，在"文件名"文本框中输入自定

图 8-31

义的样式文件名，如图 8-32 所示。单击"确定"按钮，弹出图 8-33 所示的".bg 的 CSS 规则定义
（在 style.css 中）"对话框。

图 8-32　　　　　　　　　　　　　　　　　图 8-33

步骤 3　根据需要设置 CSS 属性，单击"确定"按钮完成设置。刚创建的外部样式会出现在"CSS 样
式"面板的样式列表中。

◎ 引用外部样式

不同网页的不同 HTML 元素可以引用相同的外部样式，具体操作步骤如下。

步骤 1　在文档窗口中选择网页元素。

步骤 2　单击"CSS 样式"面板下方的"附加样式表"按钮，弹出"链接外部样式表"对话框，如
图 8-34 所示。

图 8-34

对话框中各选项的作用如下。

"文件/URL"选项：直接输入外部样式文件名，或单击"浏览"按钮选择外部样式文件。

"添加为"选项组：包括"链接"和"导入"两个单选按钮。"链接"单选按
钮表示传递外部 CSS 样式信息而不将其导入网页文档，在页面代码中生成<link>
标签。"导入"单选按钮表示将外部 CSS 样式信息导入网页文档，在页面代码中
生成<@Import>标签。

步骤 3　在对话框中根据需要设定参数，单击"确定"按钮完成设置。此时，引
用的外部样式会出现在"CSS 样式"面板的样式列表中，如图 8-35 所示。

8. 编辑样式

图 8-35

有时需要修改应用于文档的内部样式和外部样式，如果修改内部样式，则会
自动重新设置受它控制的所有 HTML 对象的格式；如果修改外部样式，则自动重新设置与它链接的所
有 HTML 文档。

编辑样式有以下 3 种方法。

① 在"CSS 样式"面板中单击选中某样式，然后单击面板底部的"编辑样式"按钮 ✐，弹出图 8-36 所示的".bg 的 CSS 规则定义（在 style.css 中）"对话框。根据需要设置 CSS 属性，单击"确定"按钮完成设置。

② 在"CSS 样式"面板中用鼠标右键单击样式，从弹出的快捷菜单中选择"编辑"命令，如图 8-37 所示，弹出".bg 的 CSS 规则定义（在 style.css 中）"对话框。根据需要设置 CSS 属性，单击"确定"按钮完成设置。

图 8-36

③ 在"CSS 样式"面板中选择样式，然后在"CSS 属性检查器"面板中编辑它的属性，如图 8-38 所示。

图 8-37

图 8-38

8.1.5　【实战演练】——跑酷网页

使用"CSS 样式"命令，改变文字的大小和行距。最终效果参看云盘中的"Ch08 > 效果 > 跑酷网页 > index.html"，如图 8-39 所示。

图 8-39

微课：跑酷网页

8.2 打印机网页

8.2.1 【案例分析】

打印机是计算机的输出设备之一，用于将计算机处理结果打印在相关介质上。目前打印机已经成为现代办公不可或缺的办公设备，页面设计要求表现出打印机的技术与特色。

8.2.2 【设计理念】

使用灰色作为网页背景，很好地衬托出前方的图形与文字内容；4 组彩色条，使画面充满空间感和韵律感，并且能对文字信息进行分类与规划，使画面具有统一性和条理性，时尚创新的页面设计体现出产品的特色和魅力，让人耳目一新。最终效果参看云盘中的"Ch08 > 效果 > 打印机网页 > index.html"，如图 8-40 所示。

微课：打印机网页

图 8-40

8.2.3 【操作步骤】

1. 插入表格并输入文字

步骤① 选择"文件 > 打开"命令，在弹出的"打开"对话框中，选择云盘中的"Ch08 > 素材 > 打印机网页 > index.html"文件，单击"打开"按钮打开文件，如图 8-41 所示。

步骤② 将光标置入图 8-42 所示的单元格中，按 Shift+Enter 组合键将光标切换到下一行显示，如图 8-43 所示。

步骤③ 单击"插入"面板"常用"选项卡中的"表格"按钮▦，在弹出的"表格"对话框中进行设置，如图 8-44 所示，单击"确定"按钮，完成表格的插入。保持表格的选取状态，在"属性"面板的"表格 ID"文本框中输入"Nav"，在"对齐"下拉列表中选择"居中对齐"选项，效果如图 8-45 所示。

图 8-41

图 8-42

图 8-43

步骤④ 在图 8-45 所示表格的单元格中输入文字，效果如图 8-46 所示。

图 8-44

图 8-45

图 8-46

步骤⑤ 选中图 8-47 所示的文字，在"属性"面板的"链接"文本框中输入"#"，为文字制作空链接效果，如图 8-48 所示。用相同的方法为其他文字添加链接，效果如图 8-49 所示。

图 8-47

图 8-48

图 8-49

2. 设置 CSS 属性

步骤① 选择图 8-50 所示的表格，选择"窗口＞CSS 样式"命令，弹出"CSS 样式"面板，单击面板下方的"新建 CSS 规则"按钮 ，弹出"新建 CSS 规则"对话框，在对话框中进行设置，如图 8-51 所示。

步骤② 单击"确定"按钮，弹出"将样式表文件另存为"对话框，在"保存在"下拉列表中选择当前站点目录保存路径，在"文件名"文本框中输入"style"，如图 8-52 所示。

图 8-50

图 8-51

图 8-52

步骤 ③ 单击 "保存" 按钮, 弹出 "#Nav a:link,#Nav a:visited 的 CSS 规则定义 (在 style.css 中)" 对话框, 在左侧的 "分类" 列表框中选择 "类型" 选项, 将 "Font-family" 设为 "微软雅黑", "Font-size" 设为 15, "Line-height" 设为 160%, "Color" 设为白色。在 "Font-weight" 下拉列表中选择 "normal" 选项, 勾选 "Text-decoration" 选项组中的 "none" 复选项, 如图 8-53 所示。

步骤 ④ 在左侧的 "分类" 列表框中选择 "区块" 选项, 在 "Text-align" 下拉列表中选择 "left" 选项, 在 "Display" 下拉列表中选择 "block" 选项, 如图 8-54 所示。

图 8-53

图 8-54

步骤 ⑤ 在左侧的 "分类" 列表框中选择 "方框" 选项, 取消选中 "Padding" 选项组中的 "全部 相同" 复选项, 分别设置 "Top" 和 "Bottom" 为 6、8, 如图 8-55 所示。

步骤 ⑥ 在左侧的 "分类" 选项列表中选择 "边框" 选项, 取消选中 "Style" "Width" 和 "Color" 选项组中的 "全部相同" 复选项。设置 "Bottom" 选项组的 "Style" 为 "solid", "Width" 为 1, "Color" 为青色 (#32bff6), 如图 8-56 所示。 单击 "确定" 按钮, 完成样式的创建, 文档窗口 中的效果如图 8-57 所示。

图 8-55

图 8-56   图 8-57

步骤⑦ 单击 "CSS 样式" 面板下方的 "新建 CSS 规则" 按钮 ，在弹出的 "新建 CSS 规则" 对话框中进行设置，如图 8-58 所示。

步骤⑧ 单击 "确定" 按钮，弹出 "#Nav a:hover 的 CSS 规则定义（在 style.css 中）" 对话框，在左侧的 "分类" 列表框中选择 "类型" 选项，将 "Color" 设为黄色（#FEE300），如图 8-59 所示。

图 8-58   图 8-59

步骤⑨ 在左侧的 "分类" 列表框中选择 "边框" 选项，取消选中 "Style" "Width" 和 "Color" 选项组中的 "全部相同" 复选项。设置 "Bottom" 的 "Style" 为 "solid"，"Width" 为 1，"Color" 为浅黄色（#FFF001），如图 8-60 所示，单击 "确定" 按钮，完成样式的创建。

步骤⑩ 用上述的方法制作图 8-61 所示的效果。

图 8-60   图 8-61

步骤⑪ 保存文档，按 F12 键预览效果，如图 8-62 所示。当鼠标指针滑过导航按钮时，文字和下边框线的颜色发生变化，效果如图 8-63 所示。

图 8-62

图 8-63

8.2.4 【相关工具】

1. 类型

"类型"分类主要是定义网页中文字的字体、字号、颜色等，如图 8-64 所示。

"类型"分类包括以下 9 种 CSS 属性。

"Font-family（字体）"下拉列表：为文字设置字体。一般情况下，使用用户系统上安装的字体系列中的第一种字体显示文本。用户可以手动编辑字体列表，首先在"Font-family"下拉列表中选择"编辑字体列表"选项，如图 8-65 所示，弹出"编辑字体列表"对话框，如图 8-66 所示。在"可用字体"列表框中双击要选择的字体，使其出现在"字体列表"选项框中，单击"确定"按钮完成"编辑字体列表"的设置。最后在"Font-family"下拉列表中选择刚刚编辑的字体，如图 8-67 所示。

图 8-64

图 8-65

"Font-size（大小）"下拉列表组：定义文本的大小。在右侧的下拉列表中选择具体数值和度量单位。一般以像素为单位，因为它可以有效地防止浏览器破坏文本的显示效果。

"Font-style（样式）"下拉列表：指定字体的风格为"normal（正常）""italic（斜体）"或"oblique（偏斜体）"。默认设置为"normal（正常）"。

图 8-66   图 8-67

"Line-height（行高）"选项组：设置文本所在行的行高。在右侧的下拉列表中选择具体数值和度量单位。若选择"正常"选项，则系统自动计算字体大小以适应行高。

"Text-decoration（修饰）"选项组：控制链接文本的显示形态，包括"underline（下划线）""overline（顶划线）""Line-through（删除线）""blink（闪烁）"和"none（无）"5 个选项。正常文本的默认设置是"none（无）"，链接的默认设置是"underline（下划线）"。

"Font-weight（粗细）"下拉列表：为字体设置粗细效果，包含"normal（正常）""bold（粗体）""bolder（特粗）""lighter（细体）"和具体粗细值多个选项。通常"normal（正常）"为 400 像素，"bold（粗体）"为 700 像素。

"Font-variant（变体）"下拉列表：将正常文本缩小一半尺寸后大写显示，IE 浏览器不支持该选项。Dreamweaver CS6 不在文档窗口中显示该选项。

"Text-transform（大小写）"下拉列表：将选定内容中的每个单词的首字母大写，或将文本设置为全部大写或小写，包括"capitalize（首字母大写）""uppercase（大写）""lowercase（小写）"和"none（无）"4 个选项。

"Color（颜色）"选项：设置文本的颜色。

2. 背景

"背景"分类用于为网页元素加入背景图像或背景颜色，如图 8-68 所示。

"背景"分类包括以下 6 种 CSS 属性。

"Background-color（背景颜色）"选项：设置网页元素的背景颜色。

"Background-image（背景图像）"选项：设置网页元素的背景图像。

"Background-repeat（重复）"下拉列表：控制背景图像的平铺方式，包括"no-repeat（不重复）""repeat（重复）""repeat-x（横向重复）"和"repeat-y（纵向重复）"4 个选项。若选择"no-repeat（不重复）"选项，则在元素开始处按

图 8-68

原图大小显示一次图像；若选择"repeat（重复）"选项，则在元素的后面水平或垂直平铺图像；若选择"repeat-x（横向重复）"或"repeat-y（纵向重复）"选项，则分别在元素的后面沿水平方向

平铺图像或沿垂直方向平铺图像，此时图像被剪辑以适合元素的边界。

"Background-attachment（附件）"下拉列表：设置背景图像是固定在它的原始位置还是随内容一起滚动。IE 浏览器支持该选项，但 Netscape Navigator 浏览器不支持。

"Background-position（X）（水平位置）"和"Background-position（Y）（垂直位置）"选项组：设置背景图像相对于元素的初始位置。该选项组包括"left（左对齐）""center（居中）""right（右对齐）""top（顶部）""center（居中）""bottom（底部）"和"（值）"7 个选项。通过该选项组可将背景图像与页面中心垂直和水平对齐。

3. 区块

"区块"分类用于控制网页中块元素的间距、对齐方式、文字缩进等属性。块元素可以是文本、图像、层等，如图 8-69 所示。

"区块"分类包括 7 种 CSS 属性。

"Word-spacing（单词间距）"选项组：设置文字的间距，包括"normal（正常）"和"（值）"两个选项。若要减少单词间距，则可以设置为负值，但其显示取决于浏览器。

图 8-69

"Letter-spacing（字母间距）"选项组：设置字母的间距，包括"normal（正常）"和"（值）"两个选项。若要减少字母间距，则可以设置为负值。IE 4.0 和更高版本以及 Netscape Navigator 6.0 支持该选项。

"Vertical-align（垂直对齐）"选项组：控制文字或图像相对于其母体元素的垂直位置。若将图像同其母体元素文字的顶部垂直对齐，则该图像将在该行文字的顶部显示。右边的下拉列表包括"baseline（基线）""sub（下标）""super（上标）""top（顶部）""text-top（文本顶对齐）""middle（中线对齐）""bottom（底部）""text-bottom（文本底对齐）"和"（值）"9 个选项。"baseline（基线）"表示将元素的基准线同母体元素的基准线对齐；"top（顶部）"表示将元素的顶部同最高的母体元素对齐；"bottom（底部）"表示将元素的底部同最低的母体元素对齐；"下标"表示将元素以下标形式显示；"super（上标）"表示将元素以上标形式显示；"text-top（文本顶对齐）"表示将元素顶部同母体元素文字的顶部对齐；"middle（中线对齐）"表示将元素中点同母体元素文字的中点对齐；"text-bottom（文本底对齐）"表示将元素底部同母体元素文字的底部对齐。

 仅在应用于<img>标签时，"垂直对齐"选项的设置才在文档窗口中显示。

"Text-align（文本对齐）"下拉列表：设置区块文本的对齐方式，包括"left（左对齐）""right（右对齐）""center（居中）"和"justify（两端对齐）"4 个选项。

"Text-indent（文字缩进）"选项组：设置区块文本的缩进程度。若让区块文本凸出显示，则设置该选项为负值，但显示主要取决于浏览器。

"White-space（空格）"下拉列表：控制元素中的空格输入，包括"normal（正常）""pre（保留）"和"nowrap（不换行）"3 个选项。

"Display（显示）"下拉列表：指定是否以及如何显示元素。选择"none（无）"选项时，关闭应用此属性的元素的显示。

Dreamweaver CS6 不在文档窗口中显示"空格"选项值。

4．方框

块元素可被看成包含在盒子中的盒子内容，这个盒子分为 4 部分，如图 8-70 所示。

"方框"分类用于控制网页中，块元素的内容距区块边框的距离、区块的大小、区块的间隔等。块元素可为文本、图像、层等，如图 8-71 所示。

图 8-70

图 8-71

"方框"分类包括以下 6 种 CSS 属性。

"Width（宽）"和"Height（高）"选项组：设置元素的宽度和高度，使盒子的宽度不受它所包含内容的影响。

"Float（浮动）"下拉列表：设置网页元素（如文本、层、表格等）的浮动效果。IE 浏览器和 Netscape 浏览器都支持"（浮动）"选项的设置。

"Clear（清除）"下拉列表：清除设置的浮动效果。

"Padding（填充）"选项组：控制元素内容与盒子边框的间距，包括"Top（上）""Bottom（下）""Right（右）""Left（左）"4 个选项。若取消选择"全部相同"复选框，则可单独设置块元素各个边矩的填充效果，否则块元素的各个边矩设置相同的填充效果。

"Margin（边界）"选项组：控制块元素的外边距，包括"Top（上）""Bottom（下）""Right（右）""Left（左）"4 个选项。若取消选择"全部相同"复选框，则可设置块元素不同的间隔效果，否则块元素有相同的间隔效果。

5．边框

"边框"分类主要针对块元素的边框，如图 8-72 所示。

图 8-72

"边框"分类包括以下几种 CSS 属性。

"Style（样式）"选项组：设置块元素边框线的样式，在其下拉列表中包括"none（无）""dotted（点划线）""dashed（虚线）""solid（实线）""double（双线）""groove（槽状）""ridge（脊状）""inset（凹陷）"和"outset（凸出）"9 个选项。若取消选择"全部相同"复选框，则可为块元素的各边框设置不同的样式。

"Width（宽度）"选项组：设置块元素边框线的粗细，其下拉列表均包括"thin（细）""medium（中）""thick（粗）"和"（值）"4 个选项。

"Color（颜色）"选项组：设置块元素边框线的颜色。若取消选择"全部相同"复选框，则为块元素各边框设置不同的颜色。

6. 列表

"列表"分类用于设置项目符号或编号的外观，如图 8-73 所示。

"列表"分类包括以下 3 种 CSS 属性。

"List-style-type（类型）"下拉列表：设置项目符号或编号的外观，包括"disc（圆点）""circle（圆圈）""square（方块）""decimal（数字）""lower-roman（小写罗马数字）""upper-roman（大写罗马数字）""lower-alpha（小写字母）""upper-alpha（大写字母）"和"none（无）"9 个选项。

"List-style-image（项目符号图像）"选项组：为项目符号指定自定义图像。单击右侧的"浏览"按钮，可选择图像，或直接在文本框中输入图像的路径。

"List-style-Position（位置）"文本框：用于描述列表的位置，包括"inside（内）"和"outside（外）"两个选项。

7. 定位

"定位"分类用于精确控制网页元素的位置，主要针对层的位置进行控制，如图 8-74 所示。

图 8-73

图 8-74

"定位"分类包括以下几种 CSS 属性。

"Position（类型）"下拉列表：确定定位的类型，其中包括"absolute（绝对）""fixed（固定）""relative（相对）"和"static（静态）"4 个选项。"absolute（绝对）"表示以页面左上角为坐标原点，使用"定位"选项中输入的坐标值来放置层。"fixed（固定）"表示以页面左上角为坐标原点放置内容，当用户滚动页面时，内容将在此位置保持固定。"relative（相对）"表示以对象在文档中的位置为坐标原点，使用"定位"选项中输入的坐标值来放置层。"static（静态）"表示以对象在文档中的位置为坐标原点，将层放在它在文本中的位置。该选项不显示在文档窗口中。

"Visibility（显示）"选项：确定层的初始显示条件，包括"inherit（继承）""visible（可见）"和"hidden（隐藏）"3 个选项。"inherit（继承）"表示继承父级层的可见性属性。如果层没有父级层，则它将是可见的。"visible（可见）"表示无论父级层如何设置，都显示该层的内容。"hidden（隐藏）"表示无论父级层如何设置，都隐藏层的内容。如果不设置"Visibility（显示）"选项，则默认情况下，大多数浏览器都继承父级层的属性。

"Z-Index（Z 轴）"下拉列表：确定层的堆叠顺序，为元素设置重叠效果。编号较高的层显示在编号较低的层的上面。该选项使用整数，可以为正，也可以为负。

"Overflow（溢位）"下拉列表：此选项仅限于 CSS 层，用于确定在层的内容超出它的尺寸时的显示状态。其中，"visible（可见）"表示当层的内容超出层的尺寸时，层向右下方扩展以增加层的大小，使层内的所有内容均可见。"hidden（隐藏）"表示保持层的大小并剪辑层内任何超出层尺寸的内容。"scroll（滚动）"表示不论层的内容是否超出层的边界，都在层内添加滚动条。"scroll（滚动）"表示不显示在文档窗口中，并且仅适用于支持滚动条的浏览器。"auto（自动）"表示滚动条仅在层的内容超出层的边界时，才显示。"auto（自动）"表示不显示在文档窗口中。

"Placement（位置）"选项组：用于设置样式在页面中的位置。

"Clip（剪裁）"选项组：用于设置样式的剪裁位置。

8．扩展

"扩展"分类主要用于控制鼠标指针的形状、控制打印时的分页以及为网页元素添加滤镜效果，但它仅支持 IE 4.0 以上版本，如图 8-75 所示。

"扩展"分类包括以下几种 CSS 属性。

"分页"选项组：在打印期间为打印的页面设置强行分页，包括"Page-break-before（之前）"和"Page- break-after（之后）"两个选项。

"Cursor（光标）"选项：当鼠标指针位于样式所控制的对象上时，改变鼠标指针的形状。IE 4.0 和更高版本以及 Netscape Navigator 6.0 支持该属性。

"Filter（滤镜）"选项：对样式控制的对象应用特殊效果，常用对象有图形、表格、图层等。

9．过渡

"过渡"分类主要用于控制动画属性的变化，以响应触发器事件，如悬停、单击、聚焦等，如图 8-76 所示。

图 8-75

图 8-76

"过渡"分类包括以下几种 CSS 属性。

"所有可动画属性"复选框：勾选该复选框后，可以设置所有的动画属性。

"属性"选项组：可以为 CSS 过渡效果添加属性。

"持续时间"选项组：设置 CSS 过渡效果的持续时间。

"延迟"选项组：设置 CSS 过渡效果的延迟时间。

"计时功能"下拉列表：设置动画的计时方式。

8.2.5 【实战演练】——山地车网页

使用"表格"按钮，插入表格效果；使用"属性"面板，为文字添加空链接；使用"CSS 样式"命令，设置翻转效果的链接。最终效果参看云盘中的"Ch08 > 效果 > 山地车网页 > index.html"，如图 8-77 所示。

微课：山地车网页

图 8-77

8.3 爱晚工程网页

8.3.1 【案例分析】

"爱晚工程"是一个关爱老年人，帮助老年人的公益组织。在设计网页时要注意界面美观、布局合理搭配，并体现出其公益的目的和温馨的视觉感受。

8.3.2 【设计理念】

使用红色渐变背景营造出温暖的氛围，同时也象征着夕阳的美好；流畅的线条给人辽阔平静的心理感受；心形的照片使画面更加温馨有爱；版面设计简洁，文字清晰，导航栏明确，便于阅读。最终效果参看云盘中的"Ch08 > 效果 > 爱晚工程网页 > index.html"，如图 8-78 所示。

微课：爱晚工程网页

图 8-78

8.3.3 【操作步骤】

步骤❶ 选择"文件 > 打开"命令，在弹出的"打开"对话框中，选择云盘中的"Ch08 > 素材 > 爱晚工程网页 > index.html"文件，单击"打开"按钮打开文件，如图 8-79 所示。

步骤❷ 选择"窗口 > CSS 样式"面板，弹出"CSS 样式"面板，单击面板下方的"新建 CSS 规则"按钮 ，在弹出的对话框中进行设置，如图 8-80 所示。

图 8-79

图 8-80

步骤❸ 单击"确定"按钮，弹出".pic 的 CSS 规则定义"对话框，在左侧的"分类"列表框中选择"扩展"选项，在"Filter"文本框中输入"Alpha(Opacity=30, FinishOpacity=60, Style=1, StartX=0, StartY=1, FinishX=300, FinishY=200)"，如图 8-81 所示。单击"确定"按钮，完成.pic 样式的创建。选中图 8-82 所示的图片。

步骤❹ 在"属性"面板的"类"下拉列表中选择"pic"选项，如图 8-83 所示，应用样式。保存文档，按 F12 键预览效果，如图 8-84 所示。

图 8-81

图 8-82

图 8-83

图 8-84

8.3.4 【相关工具】

1. 可应用过滤的 HTML 标签

CSS 过滤器不仅可以施加在图像上，还可以施加在文字、表格、图层等网页元素上，但并不是所有的 HTML 标签都可以施加 CSS 过滤器，只有 BODY（网页主体）、BUTTON（按钮）、DIV（层）、IMG（图像）、INPUT（表单的输入元素）、MARQUEE（滚动）、SPAN（段落内的独立行元素）、TABLE（表格）、TD（表格内单元格）、TEXTAREA（表单的多行输入元素）、TFOOT（当作注脚的表格行）、TH（表格的表头）、THEAD（表格的表头行）、TR（表格的一行）等 HTML 标签可以施加 CSS 过滤器。

提示　　打开"Table 的 CSS 规则定义"对话框，在"分类"列表框中选择"扩展"选项，在右侧"滤镜"下拉列表中可以选择静态过滤器或动态过滤器。

2. CSS 的静态过滤器

CSS 中有静态过滤器和动态过滤器两种过滤器。静态过滤器使被施加的对象产生各种静态的特殊效果。IE 4.0 及更高版本浏览器支持以下 13 种静态过滤器。

① Alpha 过滤器：让对象呈现渐变的半透明效果，包含的选项及其功能如下。

"Opacity" 选项：以百分比的方式设置图片的透明程度，值为 0～100，0 表示完全透明，100 表示完全不透明。

"FinishOpacity" 选项：和 Opacity 选项一起以百分比的方式设置图片的透明渐进效果，值为 0～100，0 表示完全透明，100 表示完全不透明。

"Style" 选项：设定渐进的显示形状。

"StartX" 选项：设定渐进开始的 X 坐标值。

"StartY" 选项：设定渐进开始的 Y 坐标值。

"FinishX" 选项：设定渐进结束的 X 坐标值。

"FinishY" 选项：设定渐进结束的 Y 坐标值。

② Blur 过滤器：让对象产生风吹的模糊效果，包含的选项及其功能如下。

"Add" 选项：是否在应用 Blur 过滤器的 HTML 元素上显示原对象的模糊方向，0 表示不显示原对象，1 表示显示原对象。

"Direction" 选项：设定模糊的方向，0 表示向上，90 表示向右，180 表示向下，270 表示向左。

"Strength" 选项：以像素为单位设定图像模糊的半径大小，默认值是 5，取值范围是自然数。

③ Chroma 过滤器：将图片中的某个颜色变成透明的，包含 Color 选项，用来指定要变成透明的颜色。

④ DropShadow 过滤器：让文字或图像产生下落式的阴影效果，包含的选项及其功能如下。

"Color" 选项：设定阴影的颜色。

"OffX" 选项：设定阴影相对于文字或图像在水平方向上的偏移量。

"OffY" 选项：设定阴影相对于文字或图像在垂直方向上的偏移量。

"Positive" 选项：设定阴影的透明程度。

⑤ FlipH 和 FlipV 过滤器：在 HTML 元素上产生水平和垂直的翻转效果。

⑥ Glow 过滤器：在 HTML 元素的外轮廓产生光晕效果，包含 Color 和 Strength 两个选项。

"Color" 选项：用于设定光晕的颜色。

"Strength" 选项：用于设定光晕的范围。

⑦ Gray 过滤器：让彩色图片产生灰色调效果。

⑧ Invert 过滤器：让彩色图片产生照片底片的效果。

⑨ Light 过滤器：在 HTML 元素上产生模拟光源的投射效果。

⑩ Mask 过滤器：为图片添加遮罩色，包含 Color 选项，用于设定遮罩的颜色。

⑪ Shadow 过滤器：与 DropShadow 过滤器一样，让文字或图像产生下落式的阴影效果，但 Shadow 过滤器生成的阴影有渐进效果。

⑫ Wave 过滤器：在 HTML 元素上产生垂直方向的波浪效果，包含的选项及其功能如下。

"Add" 选项：是否在应用 Wave 过滤器的 HTML 元素上显示原对象的模糊方向，0 表示不显示原对象，1 表示显示原对象。

"Freq" 选项：设定波动的数量。

"LightStrength" 选项：设定光照效果的光照程度，值为 0～100，0 表示光照最弱，100 表示光照最强。

"Phase" 选项：以百分数的方式设定波浪的起始相位，值为 0～100。

"Strength" 选项：设定波浪的摇摆程度。

⑬ Xray 过滤器：显示图片的轮廓，如同 X 光片的效果。

3.CSS 的动态过滤器

动态过滤器也叫作转换过滤器。Dreamweaver CS6 提供的动态过滤器可以产生翻换图片的效果。

① BlendTrans 过滤器：混合转换过滤器，在图片间产生淡入淡出效果，包含 Duration 选项，用于表示淡入淡出的时间。

② RevealTrans 过滤器：显示转换过滤器，提供更多的图像转换效果，包含 Duration 和 Transition 选项。Duration 表示转换的时间，Transition 表示转换的类型。

8.3.5 【实战演练】——傲多特摄影网页

使用"图像"按钮，插入图像；使用 Gray 滤镜，把图像设定为黑白效果。最终效果参看云盘中的"Ch08 > 效果 > 傲多特摄影网页 > index.html"，如图 8-85 所示。

微课：傲多特摄影网页

图 8-85

8.4 综合演练——爱插画网页

8.4.1 【案例分析】

插画艺术有着悠久的历史。社会发展到今天，插画更是被广泛用于社会的各个领域。本例将制作爱插画网页，要求体现出插画的艺术性和实用性。

8.4.2 【设计理念】

网页背景采用黑色，给人高端大气的感觉，并能更好地衬托需要宣传的内容；将插画照片作为网页设计的主体，醒目直观地展示网页的宣传主题，分类十分明确，实用性与艺术性并存；简洁直观的设计让人一目了然，易于查看浏览。

8.4.3 【知识要点】

使用"Alpha"滤镜，改变图像的透明度。最终效果参看云盘中的"Ch08 > 效果 > 爱插画网页 > index.html"，如图 8-86 所示。

微课：爱插画网页

图 8-86

8.5   综合演练——优选购物网页

8.5.1   【案例分析】

随着购物平台的增多，各大电商团队更加重视用户的体验性和回购力，因此不光推出了丰富的促销活动，还增加了很多额外福利，因此在设计上希望更注重表达亲和力和情感。

8.5.2   【设计理念】

采用淡雅的色彩作为网页背景颜色，通过贺卡的形式，营造出温馨甜蜜的氛围。中间的标题醒目地表达了主题，四周的装饰恰到好处地增添了画面的美感。导航栏简洁明了，整个设计十分直观地表达了宣传内容。

8.5.3   【知识要点】

使用"项目列表"按钮，创建无序列表；使用"属性"面板，创建空白链接；使用"CSS 样式"命令，控制超链接的显示状态，制作导航条效果。最终效果参看云盘中的"Ch08 > 效果 > 优选购物网页 > index.html"，如图 8-87 所示。

微课：优选购物网页

图 8-87

09

第9章
模板和库

网站是由多个整齐、规范、流畅的网页组成的。为了保持站点中网页风格的统一，需要在每个网页中制作一些相同的内容，如相同栏目下的导航条、各类图标等，为了减轻网页制作者的工作量，提高他们的工作效率，将他们从大量的重复性工作中解脱出来，Dreamweaver CS6 提供了模板和库功能。

课堂学习目标

- ✔ "资源"面板
- ✔ 库
- ✔ 模板

9.1 电子吉他网页

9.1.1 【案例分析】

吉他又称为六弦琴，是一种弹拨乐器，通常有六根弦，形状与提琴相似。吉他在流行音乐、摇滚音乐、蓝调、民歌、弗朗明哥中，常被视为主要乐器。在网页设计中要表现出吉他的魅力。

9.1.2 【设计理念】

网页背景采用蓝色的渐变，展现出音乐的神秘感；中间是网页的核心信息，包括图片展示、活动信息等，方便客户浏览；整个页面结构清晰，便于浏览者查询；独具个性的设计使浏览者感受到吉他的魅力。最终效果参看云盘中的"Templates > Tpl.dwt"，如图 9-1 所示。

微课：电子吉他网页

图9-1

9.1.3 【操作步骤】

1. 创建模板

步骤① 选择"文件 > 打开"命令，在弹出的"打开"对话框中，选择云盘中的"Ch09 > 素材 > 电子吉他网页 > index.html"文件，单击"打开"按钮打开文件，如图 9-2 所示。

步骤② 单击"插入"面板"模板"选项卡中的"创建模板"按钮，在弹出的"另存为模板"对话框中进行设置，如图 9-3 所示。单击"保存"按钮，弹出"Dreamweaver"提示框，如图 9-4 所示。单击"是"按钮，将当前文档转换为模板文档，文档名称也随之改变，如图 9-5 所示。

图9-2

图 9-3

图 9-4

图 9-5

2. 创建可编辑区域

步骤❶ 选中图 9-6 所示的图片，单击"插入"面板"模板"选项卡中的"可编辑区域"按钮，弹出"新建可编辑区域"对话框，在"名称"文本框中输入名称，如图 9-7 所示，单击"确定"按钮，创建可编辑区域，如图 9-8 所示。

图 9-6

图 9-7

图 9-8

步骤❷ 选中图 9-9 所示的图片，单击"插入"面板"模板"选项卡中的"可编辑区域"按钮，弹出"新建可编辑区域"对话框，在"名称"文本框中输入名称，如图 9-10 所示。单击"确定"按钮，创建可编辑区域，如图 9-11 所示。

图 9-9

图 9-10

图 9-11

步骤❸ 模板网页效果制作完成，如图 9-12 所示。

图 9-12

9.1.4 【相关工具】

1. "资源"面板

"资源"面板用于管理和使用制作网站的各种元素，如图像、影片文件等。选择"窗口 > 资源"命令，弹出"资源"面板，如图 9-13 所示。

"资源"面板提供了"站点"和"收藏"两种查看资源的方式，"站点"列表显示站点的所有资源，"收藏"列表仅显示用户曾明确选择的资源。在这两个列表中，资源被分成图像、颜色、URLs、SWF、Shockwave、影片、脚本、模板和库 9 种类别，显示在"资源"面板的左侧。"图像"列表中只显示 GIF、JPEG 和 PNG 格式的图像文件；"颜色"列表显示站点的文档和样式表中使用的颜色，包括文本颜色、背景颜色和链接颜色；"URLs"列表显示当前站点文档中的外部链接，包括 FTP、Gopher、HTTP、HTTPS、JavaScript、电子邮件（mailto）和本地文件（file://）类型的链接；

图 9-13

"SWF"列表显示任意版本的"*swf"格式文件，不显示 Flash 源文件；"Shockwave"列表显示的影片是任意版本的"*shockwave"格式文件；"影片"列表显示"*quicktime"和"*mpeg"式文件；"脚本"列表显示独立的 JavaScript 或 VBScript 文件；"模板"列表显示模板文件，方便用户在多个页面上重复使用同一页面布局；"库"列表显示定义的库项目。

在"资源"面板中，面板底部排列 4 个按钮，分别是"插入"按钮 插入 、"刷新站点列表"按钮 、"编辑"按钮 、"新建模板"按钮 和"删除"按钮 。"插入"按钮用于将"资源"面板中选定的元素直接插入文档中；"刷新站点列表"按钮用于刷新站点列表；"编辑"按钮用于编辑当前选定的元素；"新建模板"按钮用于建立新的模板。单击"资源"面板右上方的"菜单"按钮 ，弹出的下拉菜单中包括"资源"面板中的一些常用命令，如图 9-14 所示。

图 9-14

2. 创建模板

在 Dreamweaver CS6 中创建模板非常容易，如同制作网页一样。用户创建模板之后，Dreamweaver CS6 自动把模板存储在站点本地根目录下的"Templates"子文件夹中，模板的扩展名为.dwt。如果此文件夹不存在，当存储一个新模板时，Dreamweaver CS6 将自动生成此子文件夹。

◎ 创建空模板

创建空模板有以下 3 种方法。

① 在打开的文档窗口中单击"插入"面板"常用"选项卡中的"创建模板"按钮 ，将当前文档转换为模板文档。

② 在"资源"面板中单击"模板"按钮 ，此时列表为模板列表，如图 9-15 所示。单击下方的"新建模板"按钮 ，创建空模板，此时新的模板添加到"资源"面板的"模板"列表中，为该模板输入名称，如图 9-16 所示。

图 9-15   图 9-16

③ 在"资源"面板的"模板"列表中单击鼠标右键，在弹出的快捷菜单中选择"新建模板"命令。

如果修改新建的空模板，则先在"模板"列表中选中该模板，然后单击"资源"面板右下方的"编辑"按钮 ▣。如果重命名新建的空模板，则单击"资源"面板右上方的菜单按钮 ▣，从弹出的菜单中选择"重命名"命令，然后输入新的名称。

◎ 将现有文档存为模板

具体操作步骤如下。

步骤① 选择"文件 > 打开"命令，弹出"打开"对话框，如图 9-17 所示，选择要作为模板的网页，然后单击"打开"按钮，打开文档。

步骤② 选择"文件 > 另存为模板"命令，弹出"另存模板"对话框，输入模板名称，如图 9-18 所示。

图 9-17

图 9-18

步骤③ 单击"保存"按钮，此时窗口标题栏显示"MCPD.dwt"字样，表明当前文档是一个模板文档，如图 9-19 所示。

图 9-19

3. 定义和取消可编辑区域

创建模板后，网站设计者需要根据用户的需求编辑模板的内容，指定哪些内容是可以编辑的，哪些内容是不可以编辑的。模板的不可编辑区域是指基于模板创建的网页中固定不变的元素，模板的可编辑区域是指基于模板创建的网页中用户可以编辑的区域。当创建一个模板或将一个网页另存为模板时，Dreamweaver CS6 默认将所有区域标志为锁定，因此，用户要根据具体要求定义和修改模板的可编辑区域。

◎ 修改已有的模板

在"资源"面板的"模板"列表中选择要修改的模板，单击"资源"面板右下方的"编辑"按钮 ▣ 或双击模板名后，就可以在文档窗口中编辑该模板了。

提示

当模板应用于文档时，用户只能在可编辑区域中更改，无法修改锁定区域。

◎ 定义可编辑区域

（1）选择区域

选择区域有以下两种方法。

① 在文档窗口中选择要设置为可编辑区域的文本或内容。

② 在文档窗口中将光标放在要插入可编辑区域的地方。

（2）打开"新建可编辑区域"对话框

打开"新建可编辑区域"对话框有以下4种方法。

① 在"插入"面板的"常用"选项卡中，单击"模板"下拉按钮 ，选择"可编辑区域"按钮 。

② 按 Ctrl + Alt + V 组合键。

③ 选择"插入 > 模板对象 > 可编辑区域"命令。

④ 在文档窗口中单击鼠标右键，在弹出的快捷菜单中选择"模板 > 新建可编辑区域"命令。

（3）创建可编辑区域

在"名称"文本框中为该区域输入唯一的名称，如图9-20所示。单击"确定"按钮创建可编辑区域，如图9-21所示。

图 9-20

图 9-21

可编辑区域在模板中由高亮显示的矩形框围绕，该矩形框使用在"首选参数"对话框中设置的高亮颜色，该区域左上角的选项卡显示该区域的名称。

（4）使用可编辑区域的注意事项

① 不要在"名称"文本框中使用特殊字符。

② 不能对同一模板中的多个可编辑区域使用相同的名称。

③ 可以将整个表格或单独的表格单元格标志为可编辑的，但不能将多个表格单元格标志为单个可编辑区域。如果选定<td>标签，则可编辑区域包括单元格周围的区域；如果未选定，则可编辑区域将只影响单元格中的内容。

④ 层和层内容是单独的元素。使层可编辑时，可以更改层的位置及其内容，而使层的内容可编辑时，只能更改层的内容而不能更改其位置。

⑤ 在普通网页文档中插入一个可编辑区域，Dreamweaver CS6 会警告该文档将自动另存为模板。

⑥ 可编辑区域内不能插入另一个可编辑区域。

◎ 定义可编辑的重复区域

重复区域是可根据需要在基于模板的页面中复制任意次数的模板部分。重复区域通常用于表格，但也可以为其他页面元素定义重复区域。但是重复区域不是可编辑区域，若要使重复区域中的内容可编辑，必须在重复区域内插入可编辑区域。

定义可编辑的重复区域的具体操作步骤如下。

步骤① 选择区域。

步骤② 打开"新建重复区域"对话框。

打开"新建重复区域"对话框有以下 3 种方法。

① 在"插入"面板的"常用"选项卡中，单击"模板"下拉按钮 ，选择"重复区域"按钮 。

② 选择"插入 > 模板对象 > 重复区域"命令。

③ 在文档窗口中单击鼠标右键，在弹出的快捷菜单中选择"模板 > 新建重复区域"命令。

步骤③ 定义重复区域。在"名称"文本框中为重复区域输入唯一的名称，如图 9-22 所示。单击"确定"按钮，将重复区域插入模板中。

步骤④ 选择重复区域或其某一部分，如表格、行或单元格，定义可编辑区域，如图 9-23 所示。

图 9-22　　　　　　　　　　　　　　　　图 9-23

 提示

在一个重复区域内可以继续插入另一个重复区域。

◎ 定义可编辑的重复表格

有时网页的内容经常变化，这时可以使用"重复表格"功能创建模板。利用此模板创建的网页可以方便地增加或减少表格中格式相同的行，满足内容变化的网页布局。要创建包含重复行格式的可编辑区域，使用"重复表格"按钮。用户可以定义表格属性，并设置哪些表格中的单元格可编辑。

定义可编辑的重复表格的具体操作步骤如下。

步骤① 将光标移至文档窗口中要插入重复表格的位置。

步骤② 打开"插入重复表格"对话框，如图 9-24 所示。

打开"插入重复表格"对话框有以下两种方法。

① 在"插入"面板的"常用"选项卡中，单击"模板"下拉按钮 ，选择"重复表格"按钮 。

② 选择"插入 > 模板对象 > 重复表格"命令。

"插入重复表格"对话框中，各选项的作用如下。

图 9-24

"行数"文本框：设置表格具有的行的数目。

"列"文本框：设置表格具有的列的数目。

"单元格边距"文本框：设置单元格内容和单元格边界之间的像素数。

"单元格间距"文本框：设置相邻的表格单元格之间的像素数。

"宽度"选项组：以像素为单位或以浏览器窗口宽度的百分比设置表格的宽度。

"边框"文本框：以像素为单位设置表格边框的宽度。

"重复表格行"选项组：设置表格中的哪些行包括在重复区域中。

"起始行"文本框：将输入的行号设置为包括在重复区域中的第一行。

"结束行"文本框：将输入的行号设置为包括在重复区域中的最后一行。

"区域名称"文本框：为重复区域设置唯一的名称。

步骤❸ 按需要输入新值，单击"确定"按钮，重复表格即出现在模板中，如图 9-25 所示。

使用重复表格要注意以下几点。

图 9-25

① 如果没有明确指定单元格边距和单元格间距，则大多数浏览器按单元格边距设置为 1，单元格间距设置为 2 来显示表格。若要浏览器显示的表格没有边距和间距，则将"单元格边距"和"单元格间距"设置为 0。

② 如果没有明确指定边框的值，则大多数浏览器按边框设置为 1 显示表格。若要浏览器显示的表格没有边框，将"边框"设置为 0。若要在边框设置为 0 时，查看单元格和表格边框，则选择"查看 > 可视化助理 > 表格边框"命令。

③ 重复表格可以包含在重复区域内，但不能包含在可编辑区域内。

◎ 取消可编辑区域标记

使用"取消可编辑区域"命令可取消可编辑区域的标记，使之成为不可编辑区域。取消可编辑区域标记有以下两种方法。

① 选择可编辑区域，然后选择"修改 > 模板 > 删除模板标记"命令，此时该区域变成不可编辑区域。

② 选择可编辑区域，然后在文档窗口下方的可编辑区域标签上单击鼠标右键，在弹出的快捷菜单中选择"删除标签"命令，如图 9-26 所示，此时该区域变成不可编辑区域。

4. 创建基于模板的网页

创建基于模板的网页有两种方法，一是使用"新建"命令创建基于模板的新文档，二是应用"资源"面板中的模板来创建基于模板的网页。

◎ 使用新建命令创建基于模板的新文档

选择"文件 > 新建"命令，打开"新建文档"对话框，单击"模板中的页"选项，在"站点"列表框中选择本网站的站点，如"文稿素材"，再从右侧的列表框中选择一个模板文件，如图 9-27 所示。单击"创建"按钮，创建基于模板的新文档。

图 9-26

图 9-27

编辑完文档后，选择"文件 > 保存"命令，保存创建的文档。在文档窗口中按照模板中的设置建立了一个新的页面，并可向编辑区域添加信息。

◎ 应用"资源"面板中的模板创建基于模板的网页

新建 HTML 文档，选择"窗口 > 资源"命令，弹出"资源"面板。单击左侧的"模板"按钮 ，从模板列表中选择相应的模板，最后单击面板下方的"应用"按钮，如图 9-28 所示，在文档中应用该模板。

5. 管理模板

创建模板后可以重命名、修改和删除模板文件。

◎ 重命名模板文件

具体操作步骤如下。

图 9-28

步骤① 选择"窗口 > 资源"命令，弹出"资源"面板，单击左侧的"模板"按钮 ，"资源"面板右侧显示本站点的模板列表。

步骤② 在模板列表中，双击模板的名称选中文本，然后输入一个新名称。

步骤③ 按 Enter 键使更改生效，并弹出"更新文件"对话框，如图 9-29 所示。若更新网站中所有基于此模板的网页，单击"更新"按钮；否则，单击"不更新"按钮。

◎ 修改模板文件

具体操作步骤如下。

步骤① 选择"窗口 > 资源"命令，弹出"资源"面板，单击左侧的"模板"按钮 ，"资源"面板右侧显示本站点的模板列表，如图 9-30 所示。

步骤② 在模板列表中双击要修改的模板文件将其打开，根据需要修改模板内容。例如，为表格第 2 行添加橙色背景，如图 9-31 所示。

图 9-29   图 9-30

原图   新图

图 9-31

◎ 更新站点

用模板的最新版本更新整个站点或应用特定模板的所有网页，具体操作步骤如下。

步骤① 打开"更新页面"对话框。选择"修改 > 模板 > 更新页面"命令，弹出"更新页面"对话框，如图 9-32 所示。

"更新页面"对话框中，各选项的作用如下。

"查看"选项组：设置是用模板的最新版本更新整个站点，还是更新应用特定模板的所有网页。

"更新"选项组：设置更新的类别。

图 9-32

"显示记录"复选框：设置是否查看 Dreamweaver CS6 更新文件的记录。如果勾选"显示记录"复选框，则 Dreamweaver CS6 将提供关于其试图更新的文件信息，包括是否成功更新的信息。

"开始"按钮：单击此按钮，Dreamweaver CS6 按照指示更新文件。

"关闭"按钮：单击此按钮，关闭"更新页面"对话框。

步骤② 若用模板的最新版本更新整个站点，则在"查看"选项组右侧的第 1 个下拉列表中选择"整个站点"，然后在第 2 个下拉列表中选择站点名称；若更新应用特定模板的所有网页，则在"查看"选项组右侧的第 1 个下拉列表中选择"文件使用……"，然后在第 2 个下拉列表中选择相应的网页名称。

步骤③ 在"更新"选项组中选择"模板"复选框。

步骤④ 单击"开始"按钮，即可根据选择更新整个站点或应用特定模板的所有网页。

步骤⑤ 单击"关闭"按钮，关闭"更新页面"对话框。

◎ 删除模板文件

选择"窗口 > 资源"命令，弹出"资源"面板。单击左侧的"模板"按钮 📄，"资源"面板右侧显示本站点的模板列表。单击模板的名称选择要删除的模板，单击面板下方的"删除"按钮 🗑，并确认要删除该模板，此时该模板文件从站点中删除。

删除模板后，基于此模板的网页不会与此模板分离，它们还保留删除模板的结构和可编辑区域。例如，网页文件"index.html"应用模板 bg01，在删除模板文件"bg01.DWT"后，仍保留删除前模板的结构和可编辑区域，如图 9-33 所示。

删除前

删除后

图 9-33

9.1.5 【实战演练】——水果慕斯网页

用"创建模板"按钮，创建模板；使用"可编辑区域"和"重复区域"按钮，制作可编辑区域和重复可编辑区域效果。最终效果参看云盘中的"Templates > TPL.dwt"文件，如图 9-34 所示。

微课：水果慕斯网页

图 9-34

9.2 水果批发网页

9.2.1 【案例分析】

新鲜的水果是人们生活中不可或缺的部分，本案例为某水果批发公司设计制作网页，在设计上要求结构清晰明了，主题明确，能突出其经营内容。

9.2.2 【设计理念】

在导航栏的下方使用大幅摄影照片作为背景，展现水果的新鲜程度。下方的多种水果照片琳琅满目，充分表现了水果的多样性。整个页面简洁工整，体现了公司认真、积极的工作态度，使人产生购买的欲望。最终效果参看云盘中的"Ch09 > 效果 > 水果批发网页 > index.html"，如图 9-35 所示。

微课：水果批发网页

图 9-35

9.2.3 【操作步骤】

1. 把经常用的图标注册到库中

步骤① 选择"文件 > 打开"命令，在弹出的"打开"对话框中，选择云盘中的"Ch09 > 素材 > 水果批发网页 > index.html"文件，单击"打开"按钮打开文件，如图 9-36 所示。

步骤② 选择"窗口 > 资源"命令，弹出"资源"面板，单击左侧的"库"按钮📖，进入"库"面板，选择图 9-37 所示的图片，按住鼠标左键将其拖曳到"库"面板中，如图 9-38 所示。

图 9-36 · 图 9-37 · 图 9-38

步骤③ 松开鼠标左键，选定的图像添加为库项目，如图 9-39 所示。在可输入状态下，将其重命名为 "logo"，按 Enter 键确认，如图 9-40 所示。

步骤④ 选择图 9-41 所示的表格，按住鼠标左键将其拖曳到 "库" 面板中，松开鼠标左键，选定的表格添加为库项目。在可输入状态下，将其重命名为 "daohang"，按 Enter 键确认。

步骤⑤ 选中图 9-42 所示的文字，按住鼠标左键将其拖曳到 "库" 面板中，如图 9-43 所示。松开鼠标左键，选定的图像添加为库项目，如图 9-44 所示。在可输入状态下，将其重命名为 "text" 并按 Enter 键，效果如

图 9-39 · 图 9-40

图 9-45 所示。文档窗口中文本的背景色变成黄色，效果如图 9-46 所示。

图 9-41 · 图 9-42

图 9-43 · 图 9-44 · 图 9-45

2. 利用库中注册的项目制作网页文档

步骤① 选择 "文件 > 打开" 命令，在弹出的 "打开" 对话框中，选择云盘中的 "Ch09 > 水果批发网页 > lipinka.html" 文件，单击 "打开" 按钮，效果如图 9-47 所示。将光标置入

图 9-46

图 9-48 所示的单元格中。

图 9-47   图 9-48

步骤② 选择"库"面板中的"logo"选项,如图 9-49 所示,按住鼠标左键将其拖曳到单元格中,如图 9-50 所示,然后松开鼠标左键,效果如图 9-51 所示。

图 9-49   图 9-50   图 9-51

步骤③ 选择"库"面板中的"daohang"选项,按住鼠标左键将其拖曳到单元格中,效果如图 9-52 所示。

步骤④ 选择"库"面板中的"text"选项,按住鼠标左键将其拖曳到单元格中,效果如图 9-53 所示。

图 9-52   图 9-53

步骤⑤ 保存文档,按 F12 键预览效果,如图 9-54 所示。

3. 修改库中注册的项目

步骤① 返回 Dreamweaver CS6 界面,在"库"面板中双击"text"选项,进入项目的编辑界面,效果如图 9-55 所示。

步骤② 按 Shift+F11 组合键,弹出"CSS 样式"面板,单击面板下方的"新建 CSS 规则"按钮,在弹出的"新建 CSS 规则"对话框中进行设置,如图 9-56 所示。

步骤③ 单击"确定"按钮,弹出".text 的 CSS 规则定义"对话框,在左侧的"分类"列表框中选择"类型"选

图 9-54

项，将"Font-family"设为"微软雅黑"，"Font-size"设为 16，"Color"设为橘黄色（#C60），
如图 9-57 所示。

图 9-55   图 9-56

步骤 ④ 选择图 9-58 所示的文字，在"属性"面板的"类"下拉列表中选择"text"选项，应用样式，
效果如图 9-59 所示。

图 9-57   图 9-58   图 9-59

步骤 ⑤ 选择"文件 > 保存"命令，弹出"更新库项目"对话框，如图 9-60 所示，单击"更新"按
钮，弹出"更新页面"对话框，如图 9-61 所示，单击"关闭"按钮。

图 9-60   图 9-61

步骤 ⑥ 返回"lipinka.html"编辑窗口，按 F12 键预览效果，可以看到文字的颜色发生了变化，如
图 9-62 所示。

图 9-62

9.2.4 【相关工具】

1. 创建库文件

库项目可以包含文档<body>部分中的任意元素，包括文本、表格、表单、Java Applet、插件、ActiveX 元素、导航条、图像等。库项目只是一个对网页元素的引用，原始文件必须保存在指定的位置。

可以使用文档<body>部分中的任意元素创建库文件，也可新建一个空白库文件。

◎ 基于选定内容创建库项目

先在文档窗口中选择要创建为库项目的网页元素，然后创建库项目，并为新的库项目输入一个名称。

创建库项目有以下 4 种方法。

① 选择"窗口 > 资源"命令，弹出"资源"面板。单击"库"按钮 ，进入"库"面板，按住鼠标左键，将选定的网页元素拖曳到"资源"面板中，如图 9-63 所示。

图 9-63

② 单击"库"面板底部的"新建库项目"按钮 。

③ 在"库"面板中，单击鼠标右键，在弹出的快捷菜单中选择"新建库项目"命令。

④ 选择"修改 > 库 > 增加对象到库"命令。

> **提示**
> Dreamweaver CS6 在站点本地根文件夹的"Library"文件夹中，将每个库项目都保存为一个单独的文件（文件扩展名为.lbi）。

◎ 创建空白库项目

创建空白库项目的具体操作步骤如下。

确保没有在文档窗口中选择任何内容。

步骤① 选择"窗口 > 资源"命令，弹出"资源"面板。单击"库"按钮 📖，进入"库"面板。

步骤② 单击"库"面板底部的"新建库项目"按钮 🔁，一个新的无标题的库项目被添加到面板的列表中，如图 9-64 所示。

步骤③ 为该项目输入一个名称，并按 Enter 键确定。

图 9-64

2．页面添加库项目

向页面添加库项目时，将把实际内容以及对该库项目的引用一起插入文档中，此时，无须提供原项目就可以正常显示。在页面中插入库项目的具体操作步骤如下。

步骤① 将光标移至文档窗口中的合适位置。

步骤② 选择"窗口 > 资源"命令，弹出"资源"面板。单击"库"按钮 📖，进入"库"面板。将库项目插入网页，效果如图 9-65 所示。

将库项目插入网页有以下两种方法。

① 将一个库项目从"库"面板拖曳到文档窗口中。

② 在"库"面板中选择一个库项目，然后单击面板底部的 插入 按钮。

若要在文档中插入库项目的内容而不包括对该项目的引用，则在从"资源"控制面板向文档中拖曳该项目时按 Ctrl 键，插入的效果如图 9-66 所示。如果用这种方法插入项目，则可以在文档中编辑该项目，但是更新该项目时，使用该库项目的文档不会随之更新。

3．更新库文件

修改库项目时，会更新使用该项目的所有文档。如果选择不更新，那么文档将保持与库项目的关联，可以在以后更新。

对库项目的更改包括重命名库项目、删除库项目、重新创建已删除的库项目、修改库项目和更新库项目。

◎ 重命名库项目

重命名库项目可以断开其与文档或模板的连接。重命名库项目的具体操作步骤如下。

步骤① 选择"窗口 > 资源"命令，弹出"资源"面板。单击"库"按钮 📖，进入"库"面板。

步骤② 在库列表中，双击要重命名的库项目名称，使文本可选，然后输入一个新名称。

步骤③ 按 Enter 键使更改生效，并弹出"更新文件"对话框，如图 9-67 所示。若要更新站点中所有使用该项目的文档，则单击"更新"按钮；否则，单击"不更新"按钮。

图 9-65

图 9-66

图 9-67

◎ 删除库项目

选择"窗口 > 资源"命令，弹出"资源"面板。单击"库"按钮，进入"库"面板，然后删除选择的库项目。删除库项目有以下两种方法。

① 在"库"面板中单击选择库项目，单击面板底部的"删除"按钮🗑，然后确认要删除该项目。

② 在"库"面板中单击选择库项目，然后按 Delete 键并确认要删除该项目。

> **提示**
>
> 删除一个库项目后，将无法使用"编辑 > 撤销"命令来找回它，只能重新创建。从库中删除库项目后，不会更改任何使用该项目的文档内容。

◎ 重新创建已删除的库项目

若网页中已插入了库项目，但该库项目被误删，就可以重新创建库项目。重新创建已删除库项目的具体操作步骤如下。

步骤① 在网页中选择被删除的库项目的一个实例。

步骤② 选择"窗口 > 属性"命令，调出"属性"面板，如图 9-68 所示。单击"重新创建"按钮，"库"面板中显示该库项目。

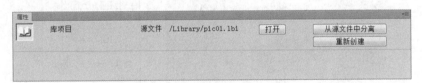

图 9-68

◎ 修改库项目

步骤① 选择"窗口 > 资源"命令，弹出"资源"面板，单击左侧的"库"按钮，面板右侧显示本站点的库列表，如图 9-69 所示。

步骤② 在库列表中双击要修改的库或选择要修改的库后，单击面板底部的"编辑"按钮📝打开库项目，如图 9-70 所示，用户可以根据需要修改库内容。

图 9-69

图 9-70

◎ 更新库项目

用库项目的最新版本更新整个站点或插入该库项目的所有网页的具体操作步骤如下。

步骤① 打开"更新页面"对话框。

步骤② 要用库项目的最新版本更新整个站点，则在"查看"选项右侧的第 1 个下拉列表中选择"整个站点"，然后在第 2 个下拉列表中选择站点名称。若更新插入该库项目的所有网页，则在"查看"选项右侧的第 1 个下拉列表中选择"文件使用……"，然后在第 2 个下拉列表中选择相应的网页名称。

步骤③ 在"更新"选项组中选择"库项目"复选框。

步骤④ 单击"开始"按钮，即可根据选择更新整个站点或应用特定模板的所有网页。

步骤⑤ 单击"关闭"按钮，关闭"更新页面"对话框。

9.2.5　【实战演练】——精品沙发网页

使用"库"面板，添加库项目；使用库中注册的项目，制作网页文档。最终效果参看云盘中的"Ch09>效果 > 精品沙发网页 > index.html"，如图 9-71 所示。

图 9-71

微课：精品沙发网页

9.3　综合演练——游天下网页

9.3.1　【案例分析】

旅游网站提供全面的旅游信息，包括国内、国外的各个城市，并为游客制定合适的旅游计划。网页设计要求色彩丰富，搭配合理，能吸引浏览者观看。

9.3.2　【设计理念】

网页的背景使用简洁的白色，充分衬托出旅游城市的信息。版面的设计简洁明了，图文搭配具有设计感，使人一目了然。网页整体设计画面美观，符合旅游网站的特色。

9.3.3　【知识要点】

使用"创建模板"按钮，创建模板；使用"可编辑区域"按钮和"重复区域"按钮，制作可编辑区域和重复可编辑区域效果。最终效果参看云盘中的"Templates > tpl.dwt"，如图 9-72 所示。

微课：游天下网页

图 9-72

9.4 综合演练——律师事务所网页

9.4.1 【案例分析】

律师事务所是接受当事人的委托，提供各种法律服务的专业机构。网页设计要求严谨大气，体现出其特有的行业特征。

9.4.2 【设计理念】

网页背景采用模糊的法庭照片和清晰的天平，充分体现了律师严谨公正的行业特征。导航栏简洁大气，便于浏览者选择。下方的图文搭配合理，凸显大气的感觉。

9.4.3 【知识要点】

使用"库"面板，添加库项目；使用"库"中注册的项目制作网页文档；使用"CSS 样式"命令，改文本的颜色。最终效果参看云盘中的"Ch09 > 效果 > 律师事务所网页 > index.html"，如图 9-73 所示。

微课：律师
事务所网页

图 9-73

10

第 10 章
表单和行为

表单为网站设计者提供了通过网络接收用户数据的平台，如注册会员页、网上订货页、检索页等，都是通过表单来收集用户信息。因此，表单是网站管理者与浏览者之间沟通的桥梁，Dreamweaver CS6 的行为是将内置的 JavaScript 代码放置在文档中，以实现网页的动态效果。

课堂学习目标

✔ 使用表单和文本域
✔ 创建列表和菜单
✔ 应用复选框和单选按钮
✔ 行为的使用

10.1　废品回收网页

10.1.1　【案例分析】

废品回收顾名思义，是一种有偿性的废品处理生活服务。废品回收对保护环境、节约能源和带动社会效益起着积极的作用。网页设计要求体现出绿色环保的理念。

10.1.2　【设计理念】

将网页背景设计为绿色的渐变，体现出环保、健康的主题；网页的图案清新自然，在细节处理上颇为仔细，加强了视觉上的美感；导航栏的内容和中心的注册表结构简单、清晰明确，体现出简洁美观的风格；网页的整体设计简单大方，颜色清朗明快，给人环保的感觉。最终效果参看云盘中的"Ch10 > 效果 > 废品回收网页 > index.html"，如图 10-1 所示。

图 10-1

微课：废品回收网页

10.1.3　【操作步骤】

1. 插入文本字段和文本区域

步骤① 选择"文件 > 打开"命令，在弹出的"打开"对话框中，选择云盘中的"Ch10 > 素材 > 废品回收网页 > index.html"文件，单击"打开"按钮打开文件，如图 10-2 所示。

步骤② 将光标置入文字"姓名："后面，如图 10-3所示。在"插入"面板的"表单"选项卡中单击"文本字段"按钮🔲，在单元格中插入文本字段，选中文本字段，在"属性"面板中将"字符宽度"设为 15，"最多字符数"设为 5，效果如图 10-4 所示。

图 10-2

步骤③ 用相同的方法，在文字"联系方式："后面插入文本字段，设置适当的字符宽度，效果如图 10-5 所示。将光标置入文字"在线留言："后面，如图 10-6所示。

图 10-3

图 10-4

图 10-5

步骤④ 在"插入"面板的"表单"选项卡中单击"文本区域"按钮，在单元格中插入文本区域，如图 10-7 所示。选中文本区域，在"属性"面板中，将"字符宽度"设为 20，"行数"设为 5，效果如图 10-8 所示。

图 10-6

图 10-7

图 10-8

2. 插入图像域

图 10-9

步骤① 将光标置入图 10-9 所示的单元格中，单击"插入"面板"表单"选项卡中的"图像域"按钮，在弹出的"选择图像源文件"对话框中，选择云盘中的"Ch10 > 素材 > 废品回收网页 > images"文件夹中的"tj.jpg"文件，单击"打开"按钮打开文件，如图 10-10 所示。

步骤② 将光标置入"提交"按钮右侧，输入两个空格，单击"插入"面板"表单"选项卡中的"图像域"按钮，在弹出的"选择图像源文件"对话框中，选择云盘中的"Ch10 > 素材 > 废品回收网页 > images"文件夹中的"cz.jpg"文件，单击"打开"按钮打开文件，如图 10-11 所示。

步骤③ 保存文档，按 F12 键预览效果，如图 10-12 所示。

图 10-10

图 10-11

图 10-12

10.1.4 【相关工具】

1. 创建表单

在文档中插入表单的具体操作步骤如下。

步骤① 在文档窗口中，将光标移至希望插入表单的位置。

步骤② 执行"表单"命令，文档窗口中出现一个红色的虚轮廓线来指示表单域，如图 10-13 所示。

图 10-13

执行"表单"命令有以下两种方法。

① 单击"插入"面板"表单"选项卡中的"表单"按钮，或直接拖曳"表单"按钮到文档中。

② 选择"插入 > 表单 > 表单"命令。

> **提示**　一个页面包含多个表单，每一个表单都是用<form>和</form>标签来标志的。在插入表单后，如果没有看到表单的轮廓线，则可选择"查看 > 可视化助理 > 不可见元素"命令来显示表单的轮廓线。

2. 表单的属性

在文档窗口中选择表单，"属性"面板中出现图 10-14 所示的表单属性。

图 10-14

表单"属性"面板中，各选项的作用如下。

"表单 ID"文本框：是<form>标签的 name 参数，用于标志表单的名称，每个表单的名称都不能相同。命名表单后，用户就可以使用 JavaScript 或 VBScript 等脚本语言引用或控制该表单。

"动作"选项组：是<form>标签的 action 参数，用于设置处理该表单数据的动态网页路径。用户可以在此文本框中直接输入动态网页的完整路径，也可以单击文本框右侧的"浏览文件"按钮，选择处理该表单数据的动态网页。

"方法"下拉列表：是<form>标签的 method 参数，用于设置将表单数据传输到服务器的方法。可供选择的方法有 POST 方法和 GET 方法两种。因为 POST 方法是在 HTTP 请求中嵌入表单数据，并将其传输到服务器，所以 POST 方法适合于向服务器提交大量数据的情况。GET 方法是将值附加到请求的 URL 中，并将其传输到服务器。因为 GET 方法有 255 个字符的限制，所以适合于向服务器提交少量数据的情况。通常，系统默认为 POST 方法。

"编码类型"下拉列表：是<form>标签的 enctype 参数，用于设置对提交给服务器处理的数据使用的 MIME 编码类型。MIME 编码类型默认设置为"application/x-www-form-urlencode"，通常与 POST 方法协同使用。如果要创建文件上传域，则指定为"multipart/form-data MIME"类型。

"目标"下拉列表：是<form>标签的 target 参数，用于设置一个窗口，在该窗口中显示处理表单后返回的数据。目标值有以下5种。

"_blank"：表示在未命名的新浏览器窗口中打开要链接到的网页。

"_parent"：表示在父级框架或包含该链接的框架窗口中打开链接网页。一般只有使用框架时，才选用此选项。如果包含链接的框架不是嵌套的，则链接文件加载到整个浏览器窗口中。

"_self"：默认选项，表示在当前窗口中打开要链接到的网页。

"_top"：表示在整个浏览器窗口中打开链接网页并删除所有框架。一般只有使用多级框架时，才选用此选项。

"类"下拉列表：表示当前表单的样式，默认为"无"。

3. 单行文本域

通常使用表单的文本域来接收用户输入的信息，文本域包括单行文本域、多行文本域和密码文本域3种。一般情况下，当用户输入较少的信息时，使用单行文本域接收；当用户输入较多的信息时，使用多行文本域接收；当用户输入密码等保密信息时，使用密码文本域接收。

◎ 插入单行文本域

要在表单域中插入单行文本域，先将光标移至表单轮廓内需要插入单行文本域的位置，然后插入单行文本域，如图10-15所示。

插入单行文本域有以下两种方法。

① 单击"插入"面板"表单"选项卡中的"文本字段"按钮，在文档窗口的表单中出现一个单行文本域。

② 选择"插入 > 表单 > 文本域"命令，在文档窗口的表单中出现一个单行文本域。

图 10-15

在"属性"面板中显示单行文本域的属性，如图 10-16 所示，用户可根据需要设置该单行文本域的属性。

图 10-16

◎ 插入多行文本域

若要在表单域中插入多行文本域，先将光标移至表单轮廓内需要插入多行文本域的位置，然后插入多行文本域，如图 10-17 所示。

插入多行文本域有以下两种方法。

① 单击"插入"面板"表单"选项卡中的"文本区域"按钮，在文档窗口的表单中出现一个多行文本域。

② 选择"插入 > 表单 > 文本区域"命令，在文档窗口的表单中出现一个多行文本域。

图 10-17

在"属性"面板中显示多行文本域的属性，如图 10-18 所示，用户可根据需要设置该多行文本域的属性。

图 10-18

◎ 插入密码文本域

若要在表单域中插入密码文本域，则只需在表单轮廓内插入一个单行或多行密码文本域，如图 10-19 所示。

插入密码文本域有以下两种方法。

① 单击"插入"面板"表单"选项卡中的"文本字段"按钮□或"文本区域"按钮□，在文档窗口的表单中出现一个单行或多行文本域。

② 选择"插入 > 表单 > 文本域"或"文本区域"命令，在文档窗口的表单中出现一个单行或多行文本域。

图 10-19

在"属性"面板的"类型"选项组中选择"密码"单选按钮，此时，多行文本域或单行文本域就变成密码文本域，如图 10-20 所示。

图 10-20

◎ 文本域属性

选中表单中的文本域，"属性"面板中出现该文本域的属性，当插入的是单行文本域或密码文本域时，"属性"面板如图 10-21 所示；当插入的是多行文本域时，"属性"面板如图 10-22 所示。"属性"面板中各选项的作用如下。

图 10-21

图 10-22

"文本域"文本框：用于标志该文本域的名称，每个文本域的名称都不能相同。它相当于表单中的一个变量名，服务器通过这个变量名来处理用户在该文本域中输入的值。

"字符宽度"文本框：设置文本域中最多可显示的字符数。设置"字符宽度"后，若是多行文本域，则标签中增加 cols 属性，否则标签增加 size 属性。如果用户输入的字符超过字符宽度，则超出的字符将不被表单指定的处理程序接收。

"最多字符数"文本框：设置单行文本域、密码文本域中最多可输入的字符数。设置"最多字符数"后，标签增加 maxlength 属性。如果用户输入的字符超过最大字符数，则表单发出警告。

"类型"选项组用于设置域文本的类型，可在单行、多行和密码 3 个类型中任选 1 个。

"单行"：将产生一个<input>标签，它的 type 属性为 text，表示此文本域为单行文本域。

"多行"：将产生一个<textarea>标签，表示此文本域为多行文本域。

"密码"：将产生一个<input>标签，它的 type 属性为 password，表示此文本域为密码文本域，即在此文本域中接收的数据均以"*"显示，以保护它不被其他人看到。

"行数"文本框：设置文本域的域高度。设置后，标签中会增加 rows 属性。

"禁用"复选框：设置多行文本域在浏览时的输入状态。

"只读"复选框：设置多行文本域在浏览时的修改情况。

"初始值"列表框：设置文本域的初始值，即在首次载入表单时，文本域中显示的值。

"类"下拉列表：将 CSS 规则应用于文本域对象。

4. 隐藏域

隐藏域在网页中不显示，只是将一些必要的信息存储并提交给服务器。插入隐藏域的操作类似于在高级语言中定义和初始化变量，对于初学者而言，不建议使用隐藏域。

若要在表单域中插入隐藏域，先将光标移至表单轮廓内需要插入隐藏域的位置，然后插入隐藏域，如图 10-23 所示。

插入隐藏域有以下两种方法。

① 单击"插入"面板"表单"选项卡中的"隐藏域"按钮 🖼，在文档窗口的表单中出现一个隐藏域。

② 选择"插入 > 表单 > 隐藏域"命令，在文档窗口的表单中出现一个隐藏域。

在"属性"面板中显示隐藏域的属性，如图 10-24 所示，用户可以根据需要设置该隐藏域的属性。

图 10-23

图 10-24

隐藏域"属性"面板中，各选项的作用如下。

"值"文本框：设置变量的值。

"隐藏区域"文本框：设置变量的名称。每个变量的名称必须是唯一的。

5. 单选按钮

为了使单选按钮的布局更加合理，通常采用逐个插入单选按钮的方式。若要在表单域中插入单选按钮，先将光标移至表单轮廓内需要插入单选按钮的位置，然后插入单选按钮，如图 10-25 所示。

图 10-25

插入单选按钮有以下两种方法。

① 单击"插入"面板"表单"选项卡中的"单选按钮"按钮 ⦿，在文档窗口的表单中出现一个

单选按钮。

②选择"插入 > 表单 > 单选按钮"命令，在文档窗口的表单中出现一个单选按钮。

在"属性"面板中显示单选按钮的属性，如图 10-26 所示，用户可以根据需要设置该单选按钮的各项属性。

图 10-26

单选按钮"属性"面板中，各选项的作用如下。

"单选按钮"文本框：用于输入该单选按钮的名称。

"选定值"文本框：设置此单选按钮代表的值，一般为字符型数据，即当选定该单选按钮时，表单指定的处理程序获得的值。

"初始状态"选项组：设置该单选按钮的初始状态，即当浏览器中载入表单时，该单选按钮是否处于被选中的状态。一组单选按钮只能有一个按钮的初始状态被选中。

"类"下拉列表：选择应用于单选按钮的 CSS 规则。

6. 单选按钮组

先将光标移至表单轮廓内需要插入单选按钮组的位置，然后打开"单选按钮组"对话框，如图 10-27 所示。

打开"单选按钮组"对话框有以下两种方法。

① 单击"插入"面板"表单"选项卡中的"单选按钮组"按钮 。

② 选择"插入 > 表单 > 单选按钮组"命令。

"单选按钮组"对话框中，各选项的作用如下。

"名称"文本框：用于输入该单选按钮组的名称，每个单选按钮组的名称都不能相同。

图 10-27

"加号"按钮 + 和"减号"按钮 − ：用于向单选按钮组添加或删除单选按钮。

"向上"按钮 ▲ 和"向下"按钮 ▼ ：用于重新排序单选按钮。

"标签"选项：设置单选按钮右侧的提示信息。

"值"选项：设置此单选按钮代表的值，一般为字符型数据，即当用户选定该单选按钮时，表单指定的处理程序获得的值。

"换行符"或"表格"选项：使用换行符或表格来设置这些按钮的布局方式。

用户可根据需要设置该单选按钮组的选项，单击"确定"按钮，在文档窗口的表单中出现单选按钮组，如图 10-28 所示。

图 10-28

7. 复选框

为了使复选框的布局更加合理，通常采用逐个插入复选框的方式。若要在表单域中插入复选框，先将光标移至表单轮廓内需要插入复选框的位置，然后插入复选框，如图 10-29 所示。

插入复选框有以下两种方法。

① 单击"插入"面板"表单"选项卡中的"复选框"按钮☑，在文档窗口的表单中出现一个复选框。

② 选择"插入 > 表单 > 复选框"命令，在文档窗口的表单中出现一个复选框。

图10-29

在"属性"面板中显示复选框的属性，如图 10-30 所示，用户可以根据需要设置该复选框的属性。

图10-30

"属性"面板中，各选项的作用如下。

"复选框名称"文本框：用于输入该复选框组的名称。一组复选框中的每个复选框的名称相同。

"选定值"文本框：设置此复选框代表的值，一般为字符型数据，即当选定该复选框时，表单指定的处理程序获得的值。

"初始状态"选项组：设置复选框的初始状态，即当浏览器中载入表单时，该复选框是否处于被选中的状态。一组复选框中可以有多个按钮的初始状态为被选中。

"类"下拉列表：选择应用于复选框的 CSS 规则。

8. 创建列表和菜单

◎ 插入下拉菜单

若要在表单域中插入下拉菜单，先将光标移至表单轮廓内需要插入下拉菜单的位置，然后插入下拉菜单，如图 10-31 所示。

插入下拉菜单有以下两种方法。

① 单击"插入"面板"表单"选项卡中的"列表/菜单"按钮▦，在文档窗口的表单中出现下拉菜单。

② 选择"插入 > 表单 > 列表/菜单"命令，在文档窗口的表单中出现下拉菜单。

图10-31

在"属性"面板中显示下拉菜单的属性，如图 10-32 所示，用户可以根据需要设置该下拉菜单。

图10-32

下拉菜单"属性"面板中，各选项的作用如下。

"选择"文本框：用于输入该下拉菜单的名称。每个下拉菜单的名称都必须是唯一的。

"类型"选项组：设置菜单的类型。若添加下拉菜单，则选择"菜单"单选按钮；若添加可滚动列表，则选择"列表"单选按钮。

"列表值"按钮：单击此按钮，弹出图 10-33 所示的"列表值"对话框，在该对话框中单击"加号"按钮![加]或"减号"按钮![减]，可以向下拉菜单中添加或删除列表项。菜单项在列表中出现的顺序与在"列表值"对话框中出现的顺序一致。在浏览器载入页面时，列表中的第 1 个选项是默认选项。

"初始化时选定"选项：设置下拉菜单中默认选择的菜单项。

◎ 插入滚动列表

若要在表单域中插入滚动列表，先将光标移至表单轮廓内需要插入滚动列表的位置，然后插入滚动列表，如图 10-34 所示。

图 10-33

图 10-34

插入滚动列表有以下两种方法。

① 单击"插入"面板"表单"选项卡中的"列表/菜单"按钮![图]，在文档窗口的表单中出现滚动列表。

② 选择"插入 > 表单 > 列表/菜单"命令，在文档窗口的表单中出现滚动列表。

在"属性"面板中显示滚动列表的属性，如图 10-35 所示，用户可以根据需要设置该滚动列表。

图 10-35

滚动列表"属性"面板中，各选项的作用如下。

"选择"文本框：用于输入该滚动列表的名称。每个滚动列表的名称都必须是唯一的。

"类型"选项组：设置菜单的类型。若添加下拉菜单，则选择"菜单"单选按钮；若添加滚动列表，则选择"列表"单选按钮。

"高度"文本框：设置滚动列表的高度，即列表中一次最多可显示的项目数。

"选定范围"选项组：设置用户是否可以从列表中选择多个项目。

"初始化时选定"列表框：设置可滚动列表中默认选择的菜单项。若在"选定范围"选项组中选择"允许多选"复选框，则可在按住 Ctrl 键的同时，单击选择"初始化时选定"域中的一个或多个初始化选项。

"列表值"按钮：单击此按钮，弹出图 10-36 所示的"列表值"对话框，在该对话框中单击"加号"按钮![加]或"减号"按钮![减]，可以向滚动列表中添加或删除列表项。列表项在列表中出现的顺序与在"列表值"对话框中出现的顺序一致。在浏览器中载入页面时，列表中的

图 10-36

第 1 个选项是默认选项。

9. 创建跳转菜单

利用跳转菜单，可以将某个网页的 URL 地址与菜单列表中的选项建立关联。用户浏览网页时，只要从跳转菜单列表中选择一个菜单项，就会打开相关联的网页。

在网页中插入跳转菜单的具体操作步骤如下。

步骤 ① 将光标移至表单轮廓内需要插入跳转菜单的位置。

步骤 ② 选择"插入跳转菜单"命令，弹出"插入跳转菜单"对话框，如图 10-37 所示。

打开"插入跳转菜单"对话框有以下两种方法。

① 在"插入"面板的"表单"选项卡中单击"跳转菜单"按钮 。

② 选择"插入 > 表单 > 跳转菜单"命令。

"插入跳转菜单"对话框中，各选项的作用如下。

"加号"按钮 和"减号"按钮 ：添加或删除菜单项。

"向上"按钮 和"向下"按钮 ：在菜单项列表中移动当前菜单项，设置该菜单项在菜单列表中的位置。

图 10-37

"菜单项"列表框：显示所有菜单项。

"文本"文本框：设置当前菜单项的显示文字，它会出现在菜单列表中。

"选择时，转到 URL"选项组：为当前菜单项设置浏览者单击它时要打开的网页地址。

"打开 URL 于"选项：设置打开浏览网页的窗口，包括"主窗口"和"框架"两个选项。"主窗口"表示在同一个窗口中打开文件；"框架"表示在所选中的框架中打开文件，但选择"框架"选项前，应先给框架命名。

"菜单 ID"文本框：设置菜单的名称，每个菜单的名称都不能相同。

"菜单之后插入前往按钮"复选框：设置在菜单后是否添加"前往"按钮。

"更改 URL 后选择第一个项目"复选框：设置浏览者通过跳转菜单打开网页后，该菜单项是否是第一个菜单项目。

在对话框中进行设置，如图 10-38 所示。单击"确定"按钮完成设置，效果如图 10-39 所示。

图 10-38

图 10-39

步骤③ 保存文档,在 IE 浏览器中单击"前往"按钮,网页就可以跳转到其关联的网页上,效果如图 10-40 所示。

图 10-40

10. 创建文件域

网页中要实现上传文件的功能,需要在表单中插入文件域。文件域的外观与其他文本域类似,只是文件域还包含一个"浏览"按钮,如图 10-41 所示。用户浏览时,可以手动输入要上传的文件路径,也可以使用"浏览"按钮定位并选择上传的文件。

图 10-41

> 文件域要求使用 POST 方法将文件从浏览器传输到服务器上,该文件被发送服务器的地址由表单的"操作"文本框指定。

在表单域中插入文件域,先将光标移至表单轮廓内需要插入文件域的位置,然后插入文件域,如图 10-42 所示。

插入文件域有以下两种方法。

① 将光标置于单元格中,单击"插入"面板"表单"选项卡中的"文件域"按钮📄,在文档窗口中的单元格中出现一个文件域。

② 选择"插入 > 表单 > 文件域"命令,在文档窗口的表单中出现一个文件域。

在"属性"面板中显示文件域的属性,如图 10-43 所示,用户可以根据需要设置该文件域的属性。

图 10-42

图 10-43

文件域"属性"面板中，各选项的作用如下。

"文件域名称"文本框：设置文件域对象的名称。

"字符宽度"文本框：设置文件域中最多可输入的字符数。

"最多字符数"文本框：设置文件域中最多可容纳的字符数。如果用户通过"浏览"按钮来定位文件，则文件名和路径可超过指定的"最多字符数"。但是，如果用户手工输入文件名和路径，则文件域仅允许键入"最多字符数"指定的字符数。

"类"下拉列表：选择应用于文件域的 CSS 规则。

 在使用文件域之前，要与服务器管理员联系，确认允许使用匿名文件上传，否则此选项无效。

11. 创建图像域

普通的按钮很不美观，为了设计需要，常使用图像代替按钮。通常使用图像按钮来提交数据。

插入图像按钮的具体操作步骤如下。

步骤① 将光标移至表单轮廓内需要插入图像按钮的位置。

步骤② 打开"选择图像源文件"对话框，选择作为按钮的图像文件，如图 10-44 所示。

图 10-44

打开"选择图像源文件"对话框有以下两种方法。

① 单击"插入"面板"表单"选项卡中的"图像域"按钮 。

② 选择"插入 > 表单 > 图像域"命令。

步骤③ 在"属性"面板中出现图 10-45 所示的图像按钮的属性，用户可以根据需要设置该图像按钮的属性。

图 10-45

图像按钮"属性"面板中，各选项的作用如下。

"图像区域"文本框：为图像按钮指定一个名称。"提交"和"重置"是两个保留名称，"提交"是通知表单将表单数据提交给处理程序或脚本，"重置"是将所有表单域重置为其原始值。

"源文件"选项组：设置要作为按钮的图像。

"替换"文本框：用于输入描述性文本，一旦图像在浏览器中载入失败，将在图像域的位置显示文本。

"对齐"下拉列表：设置对象的对齐方式。

"编辑图像"按钮：启动默认的图像编辑器并打开该图像文件进行编辑。

"类"下拉列表：选择应用于图像域的 CSS 规则。

步骤④ 若要将某个 JavaScript 行为附加到该按钮上，则选择该图像，然后在"行为"面板中选择相应的行为。

步骤⑤ 完成设置后保存并预览网页，效果如图 10-46 所示。

图 10-46

12. "提交"按钮、"重置"按钮和普通按钮

按钮的作用是控制表单的操作。一般情况下，表单中设有"提交"按钮、"重置"按钮和普通按钮 3 种按钮。"提交"按钮用于将表单数据提交到表单指定的处理程序中处理；"重置"按钮用于将表单的内容还原为初始状态。

在表单域中插入按钮，先将光标移至表单轮廓内需要插入按钮的位置，然后插入按钮，如图 10-47 所示。

插入按钮有以下两种方法。

① 单击"插入"面板"表单"选项卡中的"按钮"按钮🔲，在文档窗口的表单中出现一个按钮。

② 选择"插入 > 表单 > 按钮"命令，在文档窗口的表单中出现一个按钮。

在"属性"面板中显示按钮的属性，如图 10-48 所示，用户可以根据需要设置该按钮的属性。

图 10-47

图 10-48

按钮"属性"面板中，各选项的作用如下。

"按钮名称"文本框：用于输入该按钮的名称，每个按钮的名称都不能相同。

"值"文本框：设置按钮上显示的文本。

"动作"选项组：设置用户单击按钮时将发生的操作。有以下 4 个选项。

"提交表单"单选按钮：当用户单击按钮时，将表单数据提交到表单指定的处理程序处理。

"重设表单"单选按钮：当用户单击按钮时，将表单域内的各对象值还原为初始值。

"无"单选按钮：当用户单击按钮时，选择不为该按钮附加行为或脚本。

"类"选项：选择应用于按钮的 CSS 规则。

10.1.5 【实战演练】——爱尚家装网页

使用"列表/菜单"按钮，插入列表；使用"CSS 样式"命令，控制列表的显示效果。最终效果参看云盘中的"Ch10 > 效果 > 爱尚家装网页 > index.html"，如图 10-49 所示。

微课：爱尚家装网页

图 10-49

10.2 爱在七夕网页

10.2.1 【案例分析】

随着电商的普及，根据各个传统节日推出相应的活动，来促进消费者购买产品显得尤为重要。在网页设计上要体现出情人节优惠活动的信息。

10.2.2 【设计理念】

网页背景采用紫色系的搭配，给人浪漫的视觉感受，并展现出广阔的空间感，节日特有的元素和具有设计感的文字使主题明确。主体的游戏机十分具有趣味性，能够吸引浏览者点击参与。最终效果参看云盘中的"Ch10 > 效果 > 爱在七夕网页 > index.html"，如图 10-50 所示。

微课：爱在七夕网页

图 10-50

10.2.3 【操作步骤】

1. 显示指定大小的弹出窗口

步骤① 选择"文件 > 打开"命令，在弹出的"打开"对话框中，选择云盘中的"Ch10 > 素材爱在七夕网页 > index.html"文件，单击"打开"按钮打开文件，如图 10-51 所示。

步骤② 单击窗口下方"标签选择器"中的<body>标签，如图 10-52 所示，选择整个网页文档，如图 10-53 所示。

图 10-51

图 10-52

图 10-53

步骤③ 按 Shift+F4 组合键，弹出"行为"面板，如图 10-54 所示，单击面板中的"添加行为"按钮 **+**，在弹出的菜单中选择"打开浏览器窗口"命令，弹出"打开浏览器窗口"对话框，如图 10-55 所示。

步骤④ 单击"要显示的 URL"右侧的"浏览"按钮，在弹出的"选择文件"对话框中，选择云盘中的"Ch10 > 素材 > 爱在七夕网页 > ziye.html"文件，如图 10-56 所示。

图 10-54

图 10-55

图 10-56

步骤⑤ 单击"确定"按钮，返回"打开浏览器窗口"对话框，其他选项的设置如图 10-57 所示，单击"确定"按钮，"行为"面板如图 10-58 所示。

图 10-57

步骤⑥ 保存文档，按 F12 键预览效果，加载网页文档的同时会弹出窗口，如图 10-59 所示。

图 10-58

图 10-59

2. 添加导航条和菜单栏

步骤① 返回 Dreamweaver CS6 界面，双击动作"打开浏览器窗口"，弹出"打开浏览器窗口"对话框，选择"导航工具栏"和"菜单条"复选框，如图 10-60 所示，单击"确定"按钮完成设置。

步骤② 保存文档，按 F12 键预览效果，在弹出的窗口中显示所选的导航条和菜单栏，如图 10-61 所示。

图 10-60

图 10-61

10.2.4 【相关工具】

1. "行为"面板

用户习惯于使用"行为"面板为网页元素指定动作和事件。在文档窗口中选择"窗口 > 行为"命令，或按 Shift+F4 组合键，弹出"行为"面板，如图 10-62 所示。

"行为"面板由以下几部分组成。

"添加行为"按钮 + ：单击该按钮，弹出动作菜单，即可添加行为。添加行为时，从动作菜单中选择一个行为即可。

图 10-62

"删除事件"按钮 － ：在面板中删除所选的事件和动作。

"增加事件值"按钮 ▲ 、"降低事件值"按钮 ▼ ：通过在面板中上、下移动选择的动作来调整动作的顺序。在"行为"面板中，所有事件和动作按照它们在面板中的显示顺序实现，设计时要根据实际情况调整动作的顺序。

2. 应用行为

◎ 将行为附加到网页元素上

具体操作步骤如下。

步骤① 在文档窗口中选择一个元素，如一个图像或一个链接。若要将行为附加到整个网页，则单击文档窗口左下侧标签选择器中的 <body> 标签。

步骤② 选择"窗口 > 行为"命令，弹出"行为"面板。

步骤③ 单击"添加行为"按钮 + ，从弹出的菜单中选择一个动作，如图 10-63 所示，系统将弹出相应的参数设置对话框，在其中进行设置后，单击"确定"按钮。

步骤④ 在"行为"面板的"事件"列表中显示动作的默认事件，单击该事件，会出现下拉按钮 ▼ ，单击 ▼ 按钮，弹出包含全部事件的事件列表，如图 10-64 所示。用户可根据需要选择相应的事件。

图 10-63

图 10-64

Dreamweaver CS6 提供的所有动作都可以用于 IE 4.0 和更高版本的浏览器，某些动作不能用于较早版本的浏览器中。

◎ 将行为附加到文本上

将某个行为附加到所选的文本上，具体操作步骤如下。

步骤① 为文本添加一个空链接。

步骤② 选择"窗口 > 行为"命令，弹出"行为"面板。

步骤③ 选中链接文本，单击"添加行为"按钮 **+.**，从弹出的菜单中选择一个动作，如选择"弹出信息"动作，并在弹出的对话框中设置该动作的参数，如图 10-65 所示。

步骤④ 在"行为"面板的"事件"列表中显示动作的默认事件，单击该事件，会出现下拉按钮 **▼**，单击 **▼** 按钮，弹出包含全部事件的事件列表，如图 10-66 所示。用户可根据需要选择相应的事件。

图 10-65 　　　　　　　　　　　　　　　　　　　图 10-66

3. 调用 JavaScript

"调用 JavaScript"动作的功能是当发生某个事件时，选择自定义函数或 JavaScript 代码行。

使用"调用 JavaScript"动作的具体操作步骤如下。

步骤① 选择一个网页元素对象，如"刷新"按钮，如图 10-67 所示，调出"行为"面板。

步骤② 在"行为"面板中，单击"添加行为"按钮 **+.**，从弹出的菜单中选择"调用 JavaScript"动作，弹出"调用 JavaScript"对话框，如图 10-68 所示，在文本框中输入 JavaScript 代码或用户想要触发的函数名。例如，当用户单击"刷新"按钮时刷新网页，可以输入"window.location.reload()"；当用户单击"关闭"按钮时关闭网页，可以输入"window.close()"。单击"确定"按钮完成设置。

图 10-67 　　　　　　　　　　　　　　　　　　　图 10-68

步骤③ 如果不是默认事件，则单击该事件，会出现下拉箭头按钮 **▼**，单击 **▼** 按钮，弹出包含全部事件的事件列表，用户可根据需要选择相应的事件，如图 10-69 所示。

步骤④ 按 F12 键浏览网页，当单击"关闭"按钮时，用户看到的效果如图 10-70 所示。

4. 打开浏览器窗口

"打开浏览器窗口"动作的功能是在一个新的窗口中打开指定网页。此行为可以指定新窗口的属性、特性和名称，是否可以调整窗口大小，是否具有菜单栏等。

图 10-69   图 10-70

使用"打开浏览器窗口"动作的具体操作步骤如下。

步骤① 打开一个网页文件，如图 10-71 所示。选择一张图片，如图 10-72 所示。

图 10-71   图 10-72

步骤② 弹出"行为"面板，单击"添加行为"按钮 ＋，并从弹出的菜单中选择"打开浏览器窗口"命令，弹出"打开浏览器窗口"对话框。在对话框中根据需要设置相应参数，如图 10-73 所示，单击"确定"按钮完成设置。

对话框中各选项的作用如下。

"要显示的 URL"选项组：是必选项，用于设置要显示网页的地址。

"窗口宽度"和"窗口高度"文本框：以像素为单位设置窗口的宽度和高度。

"属性"选项组：根据需要选择下列复选框，以设定窗口的外观。

图 10-73

"导航工具栏"复选框：设置是否在浏览器顶部显示导航工具栏。导航工具栏包括"后退""前进""主页""重新载入"等一组按钮。

"地址工具栏"复选框：设置是否在浏览器顶部显示地址栏。

"状态栏"复选框：设置是否在浏览器窗口底部显示状态栏，用于显示提示、状态等信息。

"菜单条"复选框：设置是否在浏览器顶部显示菜单，包括"文件""编辑""查看""转到""帮助"等菜单项。

"需要时使用滚动条"复选框：设置在浏览器的内容超出可视区域时，是否显示滚动条。

"调整大小手柄"复选框：设置是否可以调整窗口的大小。

"窗口名称"文本框：输入新窗口的名称。因为通过 JavaScript 使用链接指向新窗口或控制新窗口时，应该命名新窗口。

 提示

如果不指定该窗口的任何属性，则在打开时，它的大小和属性与打开它的窗口相同。

步骤③ 添加行为时，系统自动为用户选择了"onClick"事件。需要调整事件时，单击该事件，出现下拉按钮▼，单击▼按钮，选择"onMouseOver（鼠标指针经过）"选项，"行为"面板中的事件立即改变，如图 10-74 所示。

步骤④ 保存文档，按 F12 键浏览网页，当鼠标指针经过小图片时，弹出一个窗口显示大图片，如图 10-75 所示。

图 10-74

图 10-75

5. 转到 URL

"转到 URL"动作的功能是在当前窗口或指定的框架中打开一个新页。此操作尤其适用于通过一次单击操作更改两个或多个框架的内容。

使用"转到 URL"动作的具体操作步骤如下。

步骤① 选择一个网页元素对象并调出"行为"面板。

步骤② 单击"添加行为"按钮 ➕，并从弹出的菜单中选择"转到 URL"命令，弹出"转到 URL"对话框，如图 10-76 所示。在对话框中根据需要设置相应选项，单击"确定"按钮完成设置。

对话框中各选项的作用如下。

图 10-76

"打开在"列表框：列表框中自动列出当前框架，集中所有框架的名称以及主窗口。如果没有任何框架，则主窗口是唯一的选项。

"URL"选项组：单击"浏览"按钮选择要打开的文档，或输入网页文件的地址。

步骤③ 如果不是默认事件，则单击该事件，出现下拉按钮▼，单击▼按钮，弹出包含全部事件的事件列表，用户可根据需要选择相应的事件。

步骤④ 按 F12 键浏览网页。

6. 检查插件

"检查插件"动作的功能是根据用户是否安装了指定的插件，将它们转到不同的页。

使用"检查插件"动作的具体操作步骤如下。

步骤① 选择一个网页元素对象并调出"行为"面板。

步骤② 单击"添加行为"按钮 ➕，并从弹出的菜单中选择"检查插件"命令，弹出"检查插件"对话框，如图 10-77 所示。在对话框中根据需要设置相应选项，单击"确定"按钮完成设置。

图 10-77

对话框中各选项的作用如下。

"插件"选项组：设置插件对象，包括选择和输入插件名称两种方式。若选择"选择"单选按钮，则从其右侧的下拉列表中选择一个插件。若选择"输入"单选按钮，则在其右侧的文本框中输入插件的确切名称。

"如果有，转到 URL"选项组：为具有该插件的浏览者指定一个网页地址。若要让具有该插件的浏览者停留在同一页上，则此选项为空。

"否则，转到 URL"选项组：为不具有该插件的浏览者指定一个替代网页地址。若要让具有和不具有该插件的浏览者都停留在同一网页上，则此选项为空。默认情况下，不能检测是否有插件时，显示"否则，转到 URL"文本框中列出的 URL 的网页。

"如果无法检测，则始终转到第一个 URL"复选框：当不能检测是否有插件时，想显示"如果有，转到 URL"选项组指定的网页，则选择此复选框。通常，若插件内容对于用户的网页而言是不必要的，则保留此复选框的未选中状态。

步骤③ 如果不是默认事件，则单击该事件，出现下拉按钮▼，单击▼按钮，弹出包含全部事件的事件列表，用户可根据需要选择相应的事件。

步骤④ 按 F12 键浏览网页。

7. 检查表单

"检查表单"动作的功能是检查指定文本域的内容，以确保用户输入了正确的数据类型。若使用 onBlur 事件将"检查表单"动作分别附加到各文本域，则在用户填写表单时检查域。若使用 onSubmit 事件将"检查表单"动作附加到表单，则在用户单击"提交"按钮时，同时检查多个文本域。将"检查表单"动作附加到表单，能防止将表单中任何指定文本域内的无效数据提交到服务器。

使用"检查表单"动作的具体操作步骤如下。

步骤① 选择文档窗口下方的表单标签<form>，调出"行为"面板。

步骤② 单击"添加行为"按钮 ➕，从弹出的菜单中选择"检查表单"命令，弹出"检查表单"对话框，如图 10-78 所示。在对话框中根据需要设置相应选项，单击"确定"按钮完成设置。

对话框中各选项的作用如下。

"域"列表框：在列表框中选择表单内需要检查的其他对象。

"值"选项：设置在"域"列表框中选择的表单对象的值是否在用户浏览表单时必须设置。

"可接受"选项组：用于设置"域"列表框中选择的表单对象允许接受的值，允许接受的值包含以下几种类型。

图 10-78

"任何东西"单选按钮：设置检查的表单对象可以包含任何特定类型的数据。

"电子邮件地址"单选按钮：设置检查的表单对象可以包含一个"@"符号。

"数字"单选按钮：设置检查的表单对象只包含数字。

"数字从…到…"单选按钮：设置检查的表单对象只包含特定范围内的数字。

步骤③ 如果不是默认事件，则单击该事件，出现下拉按钮▼，单击▼按钮，弹出包含全部事件的事件列表，用户可根据需要选择相应的事件。

步骤④ 按 F12 键浏览网页。

在用户提交表单时，如果要检查多个表单对象，则 onSubmit 事件自动出现在"行为"面板控制的"事件"弹出菜单中。如果要分别检查各个表单对象，则检查默认事件是否是 onBlur 或 onChange 事件。当用户从要检查的表单对象移开鼠标指针时，这两个事件都触发"检查表单"动作。它们之间的区别是 onBlur 事件不管用户是否在该表单对象中输入内容，都会发生，而 onChange 事件只有在用户更改了该表单对象的内容时，才发生。当表单对象是必须检查的表单对象时，最好使用 onBlur 事件。

8. 交换图像

"交换图像"动作通过更改<img>标签的 src 属性将一个图像和另一个图像交换。"交换图像"动作主要用于创建当鼠标指针经过时产生动态变化的按钮。

使用"交换图像"行为的具体操作步骤如下。

步骤① 若文档中没有图像，则选择"插入 > 图像"命令或单击"插入"面板"常用"选项卡中的"图像"按钮▣·插入一个图像。若鼠标指针经过一个图像要使多个图像同时变换成相同的图像时，则需要插入多个图像。

步骤② 选择一个将交换的图像对象，并调出"行为"面板。

步骤③ 在"行为"面板中单击"添加行为"按钮 **+**，从弹出的菜单中选择"交换图像"命令，弹出"交换图像"对话框，如图 10-79 所示。

对话框中各选项的作用如下。

"图像"列表框：选择要更改的原图像。

"设定原始档为"选项组：输入新图像的路径和文件名或单击"浏览"按钮选择新图像文件。

"预先载入图像"复选框：设置是否在载入网页时，将新图像载入浏览器的缓存中。若选择此复选框，则防止由于下载而导致图像出现的延迟。

图 10-79

"鼠标滑开时恢复图像"复选框：设置是否在鼠标指针滑开时恢复图像。若选择此复选框，则自动添加"恢复交换图像"动作，将最后一组交换的图像恢复为它们以前的源文件，从而出现连续的动态效果。

根据需要从"图像"列表框中选择要更改的原图像；在"设定原始档为"文本框中输入新图像的路径和文件名或单击"浏览"按钮选择新图像文件；选择"预先载入图像"和"鼠标滑开时恢复图像"复选框，然后单击"确定"按钮完成设置。

步骤④ 如果不是默认事件，则单击该事件，出现下拉按钮▼，单击▼按钮，弹出包含全部事件的事件列表，用户可根据需要选择相应的事件。

步骤⑤ 按 F12 键浏览网页。

因为只有 src 属性受此动作的影响，所以用户应该换入一个与原图像具有相同高度和宽度的图像。否则，换入的图像显示时会被压缩或扩展，以使其适应原图像的尺寸。

9. 显示-隐藏层

"显示-隐藏层"动作的功能是显示、隐藏或恢复一个或多个层的默认可见性。利用此动作可制作下拉菜单等特殊效果。

使用"显示-隐藏层"动作的具体操作步骤如下。

步骤① 新建一个空白页面。

步骤② 在页面中插入一个 3 行 1 列的表格，将插入点置入单元格中。单击"插入"面板"常用"选项卡中的"图像"按钮▣▼，弹出图 10-80 所示的"选择图像源文件"对话框，然后在每个单元格中插入一幅图像。

图 10-80

步骤③ 分别选中每幅图片，在"属性"面板中将其"宽""高"分别设为 180、144，为每张图片设置空链接，如图 10-81 所示。

图 10-81

步骤④ 选中表格，在"属性"面板中将"填充"设为 10，如图 10-82 所示，设置完成后，表格及页面效果如图 10-83 所示。

步骤⑤ 单击"插入"面板"布局"选项卡中的"绘制 AP Div"按钮 ，在表格的右侧创建一个层，并插入第一幅图片的原图像，如图 10-84 所示。

图 10-82

步骤⑥ 使用相同的方法，在第一个层的位置再插入两个层，然后分别在这两个层中插入左侧小图的原图像并调整其位置，如图 10-85 所示。

图 10-83

图 10-84

图 10-85

步骤⑦ 选择左侧表格中的第一幅图片，在"行为"面板中，单击"添加行为"按钮 ，从弹出的菜单中选择"显示-隐藏元素"动作，弹出"显示-隐藏元素"对话框，如图 10-86 所示。

图 10-86

对话框中各选项的作用如下。

"元素"列表框：显示和选择要更改其可见性的层。

"显示"按钮：单击此按钮以显示在"元素"列表框中选择的层。

"隐藏"按钮：单击此按钮以隐藏在"元素"列表框中选择的层。

"默认"按钮：单击此按钮以恢复层的默认可见性。

步骤⑧ 选择第一幅图片的大图所在的层，单击"显示"按钮，然后分别选择其他不显示的层并单击"隐藏"按钮将它们设为隐藏状态，如图 10-87 所示。

步骤⑨ 单击"确定"按钮，在"行为"面板中即可显示"显示-隐藏层"行为的"onClick"事件，如图 10-88 所示。

图 10-87

图 10-88

步骤⑩ 重复步骤 7～步骤 9，将左侧小图片对应的大图片所在的层设置为"显示"，而将其他层"隐藏"，并设置其行为事件。

步骤⑪ 为了在预览网页时显示基本图片，可选定<body>标签，如图 10-89 所示。

步骤⑫ 在"行为"面板中打开"显示-隐藏元素"对话框，在对话框中进行设置，如图 10-90 所示，单击"确定"按钮完成设置。

图 10-89

图 10-90

步骤⑬ 在"行为"面板中的事件为"onload"。

步骤⑭ 按 F12 键预览效果，这时在浏览器中显示"Div1"的基本图片，如图 10-91 所示。单击其他小图片可显示相应的大图片，如图 10-92 所示。

图 10-91

图 10-92

10. 设置容器的文本

"设置容器的文本"动作的功能是用指定的内容替换网页上现有层的内容和格式。该内容可以包括任何有效的 HTML 源代码。

虽然"设置容器的文本"将替换层的内容和格式设置，但保留层的属性，包括颜色。在"设置容器的文本"对话框的"新建 HTML"文本框中设置 HTML 标签，可设置内容的格式。

使用"设置容器的文本"动作的具体操作步骤如下。

步骤❶ 选择"插入"面板"布局"选项卡中的"绘制 AP Div"按钮，在"设计"视图中拖曳出一个图层。在"属性"面板的"层编号"文本框中输入层的唯一名称。

步骤❷ 在文档窗口中选择一个对象，如文字、图像、按钮等，并调出"行为"面板。

步骤❸ 在"行为"面板中单击"添加行为"按钮，从弹出的菜单中选择"设置文本 > 设置容器的文本"命令，弹出"设置容器的文本"对话框，如图 10-93 所示。

对话框中各选项的作用如下。

"容器"下拉列表：选择目标层。

"新建 HTML"列表框：输入层内显示的消息或相应的 JavaScript 代码。

在对话框中根据需要选择相应的层，并在"新建 HTML"列表框中输入层内显示的消息，单击"确定"按钮完成设置。

图 10-93

步骤④ 如果不是默认事件，则单击该事件，出现下拉按钮 ▾，单击 ▾ 按钮，弹出包含全部事件的事件列表，用户可根据需要选择相应的事件。

步骤⑤ 按 F12 键浏览网页。

11. 设置状态栏文本

"设置状态栏文本"动作的功能是设置在浏览器窗口底部左侧的状态栏中显示的消息。访问者常常会忽略或注意不到状态栏中的消息，如果消息非常重要，还是考虑将其显示为弹出式消息或层文本。用户可以在文本中嵌入任何有效的 JavaScript 函数调用、属性、全局变量或其他表达式。要嵌入一个 JavaScript 表达式，需将其放置在大括号（{}）中。

使用"设置状态栏文本"动作的具体操作步骤如下。

步骤① 选择一个对象，如文字、图像、按钮等，并调出"行为"面板。

步骤② 在"行为"面板中单击"添加行为"按钮 ➕，从弹出的菜单中选择"设置文本 > 设置状态栏文本"命令，弹出"设置状态栏文本"对话框，如图 10-94 所示。对话框中只有一个"消息"文本框，用于输入要在状态栏中显示的消息。消息要简明扼要，否则浏览器将把溢出的消息截断。

在对话框中根据需要输入状态栏消息或相应的 JavaScript 代码，单击"确定"按钮完成设置。

图 10-94

步骤③ 如果不是默认事件，在"行为"面板中单击该动作前的事件列表，选择相应的事件。

步骤④ 按 F12 键浏览网页。

12. 设置文本域文字

"设置文本域文字"动作的功能是用指定的内容替换表单文本域的内容。用户可以在文本中嵌入任何有效的 JavaScript 函数调用、属性、全局变量或其他表达式。要嵌入一个 JavaScript 表达式，需将其放置在大括号（{}）中。若要显示大括号，则在它前面加一个反斜杠（\{}）。

使用"设置文本域文字"动作的具体操作步骤如下。

步骤① 若文档中没有"文本域"对象，则要创建命名的文本域。选择"插入 > 表单 > 文本域"命令，在表单中创建文本域。然后在"属性"面板的"文本域"文本框中输入该文本域的名称，并使该名称在网页中唯一，如图 10-95 所示。

图 10-95

步骤② 选择文本域并调出"行为"面板。

步骤③ 在"行为"面板中单击"添加行为"按钮 ➕，从弹出的菜单中选择"设置文本 > 设置文本域文字"命令，弹出"设置文本域文字"对话框，如图 10-96 所示。

对话框中各选项的作用如下。

"文本域"下拉列表：选择目标文本域。

"新建文本"列表框：输入要替换的文本信息或相应的 JavaScript 代码。如果要在表单文本域显示网页的地址和当前日期，则在"新建文本"列表框中

图 10-96

输入"The URL for this page is {window.location}, and today is {new Date()}."。

在对话框中根据需要选择相应的文本域，并在"新建文本"列表框中输入要替换的文本信息或相应的 JavaScript 代码，单击"确定"按钮完成设置。

步骤④ 如果不是默认事件，则单击该事件，出现下拉按钮 ▾，单击 ▾ 按钮，弹出包含全部事件的事件列表，用户可根据需要选择相应的事件。

步骤⑤ 按 F12 键浏览网页。

13. 设置框架文本

"设置框架文本"动作的功能是用指定的内容替换框架的内容和格式设置。该内容可以是文本，也可以是嵌入的任何有效的放置在大括号（{}）中的 JavaScript 表达式，如 JavaScript 函数调用、属性、全局变量或其他表达式。

使用"设置框架文本"动作的具体操作步骤如下。

步骤① 若网页不包含框架，则选择"修改 > 框架集"命令，在其子菜单中选择一个命令，如"拆分左框架""拆分右框架""拆分上框架"或"拆分下框架"，创建框架集。

步骤② 调出"行为"面板。在"行为"面板中单击"添加行为"按钮 ➕，从弹出的菜单中选择"设置文本 > 设置框架文本"命令，弹出"设置框架文本"对话框，如图 10-97 所示。

对话框中各选项的作用如下。

"框架"下拉列表：选择目标框架。

"新建 HTML"文本框：输入替换的文本信息或相应的 JavaScript 代码。如果要在表单文本域显示网页的地址和当前日期，则在"新建 HTML"列表框中输入"The URL for this page is {window.location}, and today is {new Date()}."。

图 10-97

"获得当前 HTML"按钮：复制当前目标框架的 body 部分的内容。

"保留背景色"复选框：选择此复选框，则保留网页背景和文本颜色属性，而不替换框架的格式。

用户可根据需要在对话框中设置相应的选项，单击"确定"按钮完成设置。

步骤③ 如果不是默认事件，则单击该事件，出现下拉按钮 ▾，单击 ▾ 按钮，弹出包含全部事件的事件列表，用户可根据需要选择相应的事件。

步骤④ 按 F12 键浏览网页。

14. 跳转菜单

使用"插入 > 表单 > 跳转菜单"命令创建跳转菜单时，Dreamweaver CS6 会创建一个菜单对象，并向其附加一个"跳转菜单"或"跳转菜单转到"行为。通常不需要手动将"跳转菜单"动作附加到对象上，但若要修改现有的跳转菜单，则需要使用"跳转菜单"行为。因此，"行为"面板中的"跳转菜单"行为的作用是修改现有的跳转菜单，即编辑和重新排列菜单项、更改要跳转到的文件以及更改这些文件打开的窗口。

使用"跳转菜单"动作的具体操作步骤如下。

步骤① 若文档中尚无跳转菜单对象，则创建一个跳转菜单对象。

步骤② 在"行为"面板中单击"添加行为"按钮 ，从弹出的菜单中选择"跳转菜单"动作，弹出"跳转菜单"对话框，如图 10-98 所示。

对话框中各选项的作用如下。

"添加项"按钮 和"移除项"按钮 ：添加或删除菜单项。

"在列表中下移项"按钮 和"在列表中上移项"按钮 ：在菜单项列表中移动当前菜单项，设置该菜单项在菜单列表中的位置。

图 10-98

"菜单项"选项：显示所有菜单项。

"文本"文本框：设置当前菜单项的显示文字，它会出现在菜单列表中。

"选择时，转到 URL"选项组：为当前菜单项设置当浏览者单击它时要打开的网页地址。

"打开 URL 于"下拉列表：设置打开浏览网页的窗口类型，包括"主窗口"和"框架"两个选项。"主窗口"表示在同一个窗口中打开文件；"框架"表示在选中的框架中打开文件，但选择该选项前，应先给框架命名。

"更改 URL 后选择第一个项目"复选框：设置浏览者通过跳转菜单打开网页后，该菜单项是否是第一个菜单项目。

在对话框中根据需要更改和重新排列菜单项、更改要跳转到的文件以及更改这些文件在其中打开的窗口，然后单击"确定"按钮完成设置。

步骤③ 如果不是默认事件，则单击该事件，会出现下拉按钮 ，单击 ，弹出包含全部事件的事件列表，用户可根据需要选择相应的事件。

步骤④ 按 F12 键浏览网页。

15. 跳转菜单开始

"跳转菜单开始"动作与"跳转菜单"动作密切关联。"跳转菜单开始"将一个"前往"按钮和一个跳转菜单关联起来，单击"前往"按钮打开在该跳转菜单中选择的链接。通常情况下，跳转菜单不需要一个"前往"按钮，但是如果跳转菜单出现在一个框架中，而跳转菜单项链接到其他框架中的页，则通常需要使用"前往"按钮，以允许访问者重新选择已在跳转菜单中选择的项。

使用"跳转菜单开始"动作的具体操作步骤如下。

步骤① 选择表单中的"前往"按钮，或选择一个对象用作"前往"按钮，这个对象通常是一个按钮图像。

步骤② 打开"行为"面板。在"行为"面板中单击"添加行为"按钮 ，并从弹出的菜单中选择"跳转菜单开始"动作，弹出"跳转菜单开始"对话框，如图 10-99 所示。在"选择跳转菜单"下拉列表

中，选择"前往"按钮要激活的菜单，然后单击
"确定"按钮完成设置。

步骤 ③ 如果不是默认事件，则单击该事件，会出
现下拉按钮▾，单击▾，弹出包含全部事件的事
件列表，用户可根据需要选择相应的事件。

步骤 ④ 按 F12 键浏览网页。

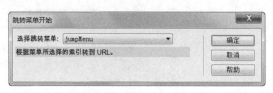

图 10-99

10.2.5 【实战演练】——风景摄影网页

使用"设置状态栏文本"命令，制作在浏览器窗口左下角的状态栏中显示消息的效果。最终效果
参看云盘中的"Ch10 > 效果 > 风景摄影网页 > index.html"，如图 10-100 所示。

图 10-100

微课：风景摄影网页

10.3 综合演练——房屋评估网页

10.3.1 【案例分析】

验房师是借助于相关的专业知识、工具和技能，对竣工并将交付使用或二手的民用建设工程或其
装修装饰工程进行监测检验并向委托方提供咨询服务的职业。网页设计要求简洁大方，突出行业特征。

10.3.2 【设计理念】

网页背景采用白色，并且搭配多种行业有关的简洁元素，让人看起来干净清爽。可爱的卡通头像，
使页面活泼轻松又具有行业特征。培训申请表格设计简洁，操作简单，整体设计简洁清晰，让人一目
了然。

10.3.3 【知识要点】

使用"文本字段"按钮，插入文本字段；使用"图像域"按钮，插入图像域；使用"单选按钮"
按钮，插入单选按钮。最终效果参看云盘中的"Ch10 > 效果 > 房屋评估网页 > index.html"，
如图 10-101 所示。

微课：房屋评估网页

图 10-101

10.4 综合演练——品牌商城网页

10.4.1 【案例分析】

随着电商行业的发展，竞争也随之增多，各大品牌商城纷纷推出多种优惠活动，促进消费者购买。网页设计要求简单直观，视觉冲击力强。

10.4.2 【设计理念】

深粉色的背景将紫色的标题部分突显出来，给人清晰明快的印象，让人一目了然，宣传性强；下面的宣传信息简洁明了，让人印象深刻。

10.4.3 【知识要点】

使用"弹出信息"行为命令，制作弹出信息效果；使用"状态栏文本"行为命令，制作状态栏文本。最终效果参看云盘中的"Ch10 > 效果 > 品牌商城网页 > index.html"，如图 10-102 所示。

微课：品牌商城网页

图 10-102

11

第 11 章
网页代码

Dreamweaver CS6 提供了代码编辑工具，方便用户直接编写或修改代码，实现网页的交互效果。在 Dreamweaver CS6 中插入的网页内容及动作都会自动转换为代码，因此，只有熟悉查看和编写代码的环境，了解源代码，才能真正理解网页的内涵。

课堂学习目标

- ✔ 网页代码
- ✔ 脚本语言
- ✔ 常用的 HTML 标签
- ✔ 响应 HTML 事件

11.1　品质狂欢节网页

11.1.1　【案例分析】

随着电商的增多，各种名目繁多的购物节也层出不穷。因此在网页设计中要突出优惠信息和促销的力度，促进消费者购买。

11.1.2　【设计理念】

页面背景使用暖色系，给人以亲切感。标题使用具有设计感的字体，能够第一时间吸引浏览者。下方的优惠信息设计得活泼有趣，可以快速提高浏览者的兴趣。整个网页设计清晰明确，观看方便。最终效果参看云盘中的"Ch11 > 效果 > 品质狂欢节网页 > index.html"，如图 11-1 所示。

微课：品质
狂欢节网页

图 11-1

11.1.3　【操作步骤】

步骤① 打开 Dreamweaver CS6 后，新建一个空白文档。新建页面的初始名称为"Untitled-1"。选择"文件 > 保存"命令，弹出"另存为"对话框。在"保存在"下拉列表中选择当前站点目录保存路径；在"文件名"文本框中输入"index"，如图 11-2 所示，单击"保存"按钮，返回网页编辑窗口。

图 11-2

步骤② 选择"插入 > 标签"命令，弹出"标签选择器"对话框，如图 11-3 所示。在对话框中选择 "HTML 标签 > 页面元素 > iframe"选项，如图 11-4 所示。

图 11-3

图 11-4

步骤③ 单击"插入"按钮，弹出"标签编辑器-iframe"对话框，如图 11-5 所示，单击"源"选项 右侧的"浏览"按钮，在弹出的"选择文件"对话框中，选择云盘中的"Ch11 > 素材 > 品质狂欢节 网页 > 01.html"文件，如图 11-6 所示。

图 11-5

图 11-6

步骤④ 单击"确定"按钮，返回"标签编辑器-iframe"对话框，其他选项的设置如图 11-7 所示。 在左侧的列表框中选择"浏览器特定的"选项，对话框中的设置如图 11-8 所示，单击"确定"按钮， 返回"标签选择器"对话框，单击"关闭"按钮，将其关闭。

图 11-7

图 11-8

步骤⑤ 保存文档，按 F12 键预览效果，如图 11-9 所示。

图 11-9

11.1.4 【相关工具】

1. 使用"参考"面板

"参考"面板为设计者提供了标记语言、编程语言和 CSS 样式的快速参考工具，它提供了有关在"代码"视图中正在使用的特定标签、对象或样式的信息。

◎ 弹出"参考"面板的方法

弹出"参考"面板有以下两种方法。

① 选定标签后，选择"窗口 > 结果 > 参考"命令，弹出"参考"面板。

② 将光标移至标签、属性或关键字中，然后按 Shift+F1 组合键。

◎ "参考"面板的参数

"参考"面板显示的内容是与用户所单击的标签、属性或关键字有关的信息，如图 11-10 所示。

"参考"面板中，各选项的作用如下。

"书籍"下拉列表：显示或选择参考材料出自的书籍名称。参考材料包括其他书籍的标签、对象或样式等。

"Tag"选项组：根据选择书籍的不同，该选项组可以是"对象""样式"或"CFML"，用于显示用户在"代码"视图或代码检查器中选择的对象、样式或函数，还可选择新的标签。该选项组包含两个下拉列表，左侧的用于选择标签，右侧的用于选择标签的属性。

图 11-10

属性列表：显示所选项目的说明。

◎ 调整"参考"面板中文本的大小

单击"参考"面板右上方的"菜单"按钮，可选择"大字体""中等字体"或"小字体"命令，调整"参考"面板中文本的大小。

2. 代码提示功能

代码提示是网页制作者在代码窗口中编写或修改代码的有效工具。只要在"代码"视图的相应标签间按下 Space 键，即会出现关于该标签常用属性、方法、事件的代码提示下拉列表，如图 11-11 所示。

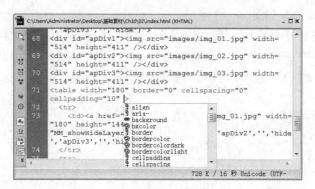

图 11-11

标签检查器中不能列出所有参数，如 onResize 等，在代码提示列表中可以一一列出。

3. 使用标签库插入标签

在 Dreamweaver CS6 中，标签库中有一组特定类型的标签，其中还包含 Dreamweaver CS6 应如何设置标签格式的信息。标签库提供了 Dreamweaver CS6 用于代码提示、目标浏览器检查、标签选择器和其他代码功能的标签信息。使用标签库编辑器，可以添加和删除标签库、标签和属性，设置标签库的属性以及编辑标签和属性。

选择"编辑 > 标签库"命令，弹出"标签库编辑器"对话框，如图 11-12 所示。在对话框中列出了绝大部分语言用到的标签及其属性参数，设计者可以轻松地添加和删除标签库、标签和属性。

图 11-12

◎ 新建标签库

打开"标签库编辑器"对话框，单击"加号"按钮，在弹出的菜单中选择"新建标签库"命令，弹出"新建标签库"对话框，在"库名称"文本框中输入名称，如图 11-13 所示，单击"确定"按钮完成设置。

◎ 新建标签

打开"标签库编辑器"对话框，单击"加号"按钮 ➕，在弹出的菜单中选择"新建标签"命令，弹出"新建标签"对话框，如图 11-14 所示。在"标签库"下拉列表中选择一个标签库，在"标签名称"文本框中输入新标签的名称。若要添加多个标签，则输入这些标签的名称，中间以逗号和空格分隔标签的名称，如"First Tags, Second Tags"。如果新的标签具有相应的结束标签（</...>），则选择"具有匹配的结束标签"复选框，单击"确定"按钮完成设置。

图 11-13

图 11-14

◎ 新建属性

打开"标签库编辑器"对话框，单击"加号"按钮 ➕，在弹出的菜单中选择"新建属性"命令，弹出"新建属性"对话框，如图 11-15 所示。一般情况下，在"标签库"下拉列表中选择一个标签库，在"标签"下拉列表中选择一个标签，在"属性名称"文本框中输入新属性的名称。若要添加多个属性，则输入这些属性的名称，中间以逗号和空格分隔标签的名称，如"width, height"，单击"确定"按钮完成设置。

◎ 删除标签库、标签或属性

打开"标签库编辑器"对话框，在"标签"列表框中选择一个标签库、标签或属性，单击"减号"按钮 ➖，将选中的项从"标签"列表框中删除。单击"确定"按钮，关闭"标签库编辑器"对话框。

图 11-15

4. 使用标签选择器插入标签

如果网页制作者对代码不是很熟悉，则可使用 Dreamweaver CS6 提供的另一个实用工具，即标签选择器。标签选择器不仅按类别显示所有标签，还提供该标签格式及功能的解释信息。

在"代码"视图中单击鼠标右键，在弹出的快捷菜单中选择"插入标签"命令，弹出"标签选择器"对话框，如图 11-16 所示。左侧列表框包含支持的标签库列表，右侧列表框显示选定标签库文件夹中的单独标签，下方显示选定标签的详细信息。

使用"标签选择器"对话框插入标签的具体操作步骤如下。

步骤 ❶ 打开"标签选择器"对话框。在左侧列表框中展开标签库，即从标签库中选择标签类别，或者展开该类别并选择一个子类别，从右侧列表框中选择一个标签。

图 11-16

步骤② 若要在"标签选择器"对话框中查看该标签的语法和用法信息，则单击"标签信息"按钮，如果有可用信息，则会显示关于该标签的信息。

步骤③ 若要在"参考"面板中查看该标签的相同信息，单击 <&> 图标，若有可用信息，会显示关于该标签的信息。

步骤④ 若要将选定标签插入代码中，则单击"插入"按钮，弹出"标签编辑器"对话框。如果该标签出现在右侧选项框中并带有尖括号（如<title></title>），它不会要求其他信息就立即插入文档的插入点，如果该标签不要求其他信息，则会出现标签编辑器。

步骤⑤ 单击"确定"按钮返回"标签选择器"对话框，单击"关闭"按钮关闭"标签选择器"对话框。

5．使用标签检查器编辑代码

标签检查器列出所选标签的属性表，方便设计者查看和编辑选择的标签对象的各项属性。选择"窗口 > 标签检查器"命令，弹出"标签检查器"面板。若想查看或修改某标签的属性，只需先在文档窗口中选择对象或选择文档窗口下方要选择对象的相应标签，再选择"窗口 > 标签检查器"命令，在弹出的"标签检查器"面板中列出该标签的属性，如图 11-17 所示。设计者可以根据需要轻松地找到各属性参数，并方便地修改属性值。

在"标签检查器"面板的"属性"选项卡中，显示所选对象的属性及其当前值。要查看其中的属性，有以下两种方法。

① 若要查看按类别组织的属性，则单击"显示类别视图"按钮。

② 若要在按字母排序的列表中查看属性，则单击"显示列表视图"按钮。

若要更改属性值，则选择该值并编辑，具体操作方法如下。

① 在属性值列（属性名称的右侧）中为该属性输入一个新的值。若要删除一个属性值，则选择该值，然后按 Delete 键。

② 如果要更改属性的名称，则选择该属性名称，然后编辑。

③ 如果该属性采用预定义的值，则从属性值列右侧的下拉列表（或颜色选择器）中选择一个值。

④ 如果属性采用 URL 值作为属性值，则单击"属性"面板中的"浏览文件"按钮或使用"指向文件"图标 选择一个文件，或者在文本框中输入 URL。

⑤ 如果该属性采用动态内容来源（如数据库）的值，则单击属性值列右侧的"动态数据"按钮，然后选择一个来源，如图 11-18 所示。

图 11-17

图 11-18

6．使用标签编辑器编辑代码

标签编辑器是另一种编辑标签的方式。首先在文档窗口中选择特定的标签，然后单击"标签检查器"面板右上角的"选项菜单"按钮 ，在弹出的菜单中选择"编辑标签"命令，打开"标签编辑器"对话框，如图 11-19 所示。

图 11-19

"标签编辑器"对话框中列出了不同版本浏览器支持的特殊属性、事件和关于该标签的说明信息，用户可以方便地指定或编辑该标签的属性。

11.1.5 【实战演练】——商业公司网页

使用"插入标签"命令，制作浮动框架效果。最终效果参看云盘中的"Ch11 > 效果 > 商业公司网页 > index.html"，如图 11-20 所示。

图 11-20

微课：商业公司网页

11.2 油画艺术馆网页

11.2.1 【案例分析】

油画艺术馆是专门收藏好的油画作品以及展览油画供人参观的场所，油画艺术馆网页主要通过网络介绍艺术馆的收藏品并进行宣传。网页设计要体现出油画的艺术品位，以及该艺术馆的特色。

11.2.2 【设计理念】

将油画作为网页展示的主题，整体色调优雅舒适，代表油画艺术的魅力，网页处处体现艺术的感觉，整体安排合理整齐。没有过多的修饰，通过朴实的网页形式让浏览者注意网页主题。网页的上方放置了导航栏，下方展示了油画相关动态以及油画的扩展知识等，方便浏览者浏览相关信息。最终效果参看云盘中的"Ch11 > 效果 > 油画艺术馆网页 > index.html"，如图 11-21 所示。

微课：油画
艺术馆网页

图 11-21

11.2.3 【操作步骤】

1. 制作浏览器窗口（永远都不出现滚动条）

步骤① 选择"文件 > 打开"命令，在弹出的"打开"对话框中选择云盘中的"Ch11 > 素材 > 油画艺术馆网页 > index.html"文件，单击"打开"按钮打开文件，如图 11-22 所示。

步骤② 单击文档窗口左上方的"代码"按钮，切换至"代码"视图，在<body>标签中置入光标，按 Spacebar 键，如图 11-23 所示。输入代码 style="overflow-x:hidden; overflow-y:hidden"，如图 11-24 所示。

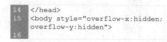

图 11-22   图 11-23   图 11-24

步骤 ③ 保存文档，按 F12 键预览效果，如图 11-25 所示。

添加代码前　　　　　　　　　　　　　　　　　添加代码后

图 11-25

2. 制作禁止使用单击右键

步骤 ① 返回 Dreamweaver 文档编辑窗口，将窗口切换至"代码"视图，在<head>和</head>之间输入以下代码。

```
<script language=javascript>
function click() {
}
function click1() {
if (event.button==2) {
alert('禁止使用单击右键！') }}
function CtrlKeyDown(){
if (event.ctrlKey) {
alert('不当的拷贝将损害您的系统！') }}
document.onkeydown=CtrlKeyDown;
document.onselectstart=click;
document.onmousedown=click1;
</script>
```

代码如图 11-26 所示。

步骤 ② 保存文档，按 F12 键预览效果。单击鼠标右键，弹出提示对话框，如图 11-27 所示，禁止使用单击右键。

图 11-26　　　　　　　　　　　　　　　　　　　图 11-27

11.2.4 【相关工具】

1. 常用的 HTML 标签

HTML（Hyper Text Markup Language）是一种超文本标志语言，HTML 文件是被网络浏览器读取并产生网页的文件。常用的 HTML 标签有以下几种。

◎ 文件结构标签

文件结构标签包含<html>、<head>、<title>、<body>等。<html>标签用于标志页面的开始，它由文档头部分和文档体部分组成。浏览时，只有文档体部分会显示。<head>标签用于标志网页的开头部分，开头部分用于存放重要信息，如注释、meta、标题等。<title>标签用于标志页面的标题，浏览时在浏览器的标题栏显示。<body>标签用于标志网页的文档体部分。

◎ 排版标签

在网页中有 4 种段落对齐方式：左对齐、右对齐、居中对齐和两端对齐。在 HTML 中，可以使用 ALIGN 属性设置段落的对齐方式。

ALIGN 属性可以应用于多种标签，如分段标签<p>、标题标签<hn>和水平线标签<hr>等。ALIGN 属性的取值可以是 left（左对齐）、center（居中对齐）、right（右对齐）和 justify（两端对齐）。两端对齐是指将一行中的文本在排满的情况下，向左、右两个页边对齐，以避免在左、右页边出现锯齿状。

对于不同的标签，ALIGN 属性的默认值是不同的。对于分段标签和各个标题标签，ALIGN 属性的默认值为 left；对于水平线标签<hr>，ALIGN 属性的默认值为 center。若要为文档中的多个段落设置相同的对齐方式，可将这些段落置于<div>和</div>标签之间组成一节，并使用 ALIGN 属性设置该节的对齐方式。如果要将部分文档内容设置为居中对齐，也可以将这部分内容置于<center>和</center>标签之间。

◎ 列表标签

列表分为无序列表、有序列表两种。<li>标签标志无序列表，如项目符号；<ol>标签标志有序列表，如标号。

◎ 表格标签

表格标签包括表格标签<table>、表格标题标签<caption>、表格行标签<tr>、表格字段名标签<th>、列标签<td>等。

◎ 框架

框架网页将浏览器的视窗分成不同区域，每个区域都可以独立显示一个网页。框架网页通过一个或多个<frameset>和<frame>标签定义。框架集包含如何组织各个框架的信息，可以通过<frameset>标签定义。框架集标签<frameset>置于<head>之后，以取代<body>的位置，还可以使用<noframes>标签设置当框架不能显示时的替换内容。框架集标签<frameset>包含多个<frame>标签，用于设置框架的属性。

◎ 图形标签

图形标签<img>常用的参数是 src 和 alt，用于设置图像的位置和替换文本。src 属性设置图像文件的 URL 地址，图像可以是 JPEG、GIF 和 PNG 格式。alt 属性设置图像的简单文本说明，这段文本在浏览器不能显示图像时显示出来，或图像加载时间过长时先显示出来。

<img>标签不仅用于在网页中插入图像，也可以用于播放 Video for Windows 的多媒体文件

（*.avi）。若要在网页中播放多媒体文件，应在<img>标签中设置 dynsrc、start、loop、controls 和 loopdelay 属性。

例如，将影片循环播放 3 次，中间延时 250 ms。

```
<img src="SAMPLE-S.GIF" dynsrc="SAMPLE-S.AVI" loop=3 loopdelay=250>
```

例如，只有在鼠标指针移到 AVI 播放区域时，才开始播放 SAMPLE-S.AVI 影片。

```
<img src="SAMPLE-S.GIF" dynsrc="SAMPLE-S.AVI" start=mouseover>
```

◎ 链接标签

链接标签<a>的常用参数有：href 标志目标端点的 URL 地址；target 显示链接文件的一个窗口或框架；title 显示链接文件的标题文字。

◎ 表单标签

表单在 HTML 页面中起着重要作用，它是与用户交互信息的主要手段。一个表单至少应该包括说明性文字、用户填写的表格、“提交”按钮、“重置”按钮等内容。用户填写所需的资料之后，单击“提交”按钮，所填资料就会通过专门的公共网关接口（Common Gateway Interface，CGI）传到 Web 服务器。网页的设计者随后就能在 Web 服务器上看到用户填写的资料，从而完成从用户到设计者之间的反馈和交流。

表单中主要包括下列元素：普通按钮、单选按钮、复选框、下拉式菜单、单行文本框、多行文本框、“提交”按钮和“重置”按钮。

◎ 滚动标签

滚动标签<marquee>会使文字和图像滚动，形成滚动字幕的页面效果。

◎ 载入网页的背景音乐标签

载入网页的背景音乐标签<bgsound>用于设定页面载入时的背景音乐。

2. 脚本语言

脚本是一个包含源代码的文件，一次只有一行被解释或翻译成机器语言。在脚本处理过程中，翻译每行代码，并一次选择一行代码，直到脚本中的所有代码都处理完成。Web 应用程序经常使用客户端脚本以及服务器端的脚本，本章讨论的是客户端脚本。

用脚本创建的应用程序有代码行数的限制，一般小于 100 行。脚本程序较小，一般用“记事本”或在 Dreamweaver CS6 的“代码”视图中编辑创建。

使用脚本语言主要有两个原因，一是创建脚本比创建编译程序快，二是用户可以使用文本编辑器快速、容易地修改脚本。而修改编译程序必须有程序的源代码，而且修改了源代码以后，必须重新编译它，所有这些使得修改编译程序比脚本更加复杂而且耗时。

脚本语言主要包含接收用户数据、处理数据和显示输出结果数据 3 部分语句。计算机中最基本的操作是输入和输出，Dreamweaver CS6 提供了输入和输出函数。InputBox 函数是实现输入效果的函数，它会弹出一个对话框来接收浏览者输入的信息。MsgBox 函数是实现输出效果的函数，它会弹出一个对话框显示输出信息。

有的操作要在一定条件下才能选择，这就需要用条件语句来实现。对于需要重复选择的操作，应该使用循环语句实现。

3. 响应 HTML 事件

前面已经介绍了基本的事件及其触发条件，现在讨论在代码中调用事件过程的方法。调用事件过程有 3 种方法，下面以在按钮上单击鼠标左键弹出欢迎对话框为例，介绍调用事件过程的方法。

◎ 通过名称调用事件过程

```
<HTML>
<HEAD>
<TITLE>事件过程调用的实例</TITLE>
<SCRIPT LANGUAGE=vbscript>
<!--
sub bt1_onClick()
  msgbox "欢迎使用代码实现浏览器的动态效果！"
end sub
-->
</SCRIPT>
</HEAD>
<BODY>
  <INPUT name=bt1 type="button" value="单击这里">
</BODY>
</HTML>
```

◎ 通过 FOR/EVENT 属性调用事件过程

```
<HTML>
<HEAD>
<TITLE>事件过程调用的实例</TITLE>
<SCRIPT LANGUAGE=vbscript for="bt1" event="onclick">
<!--
  msgbox "欢迎使用代码实现浏览器的动态效果！"
-->
</SCRIPT>
</HEAD>
<BODY>
  <INPUT name=bt1 type="button" value="单击这里">
</BODY>
</HTML>
```

◎ 通过控件属性调用事件过程

```
<HTML>
<HEAD>
<TITLE>事件过程调用的实例</TITLE>
<SCRIPT LANGUAGE=vbscript >
<!--
  sub msg()
  msgbox "欢迎使用代码实现浏览器的动态效果！"
end sub
-->
</SCRIPT>
</HEAD>
<BODY>
 <INPUT name=bt1 type="button" value="单击这里" onclick="msg">
</BODY>
</HTML>
<HTML>
<HEAD>
```

```
<TITLE>事件过程调用的实例</TITLE>
</HEAD>
<BODY>
<INPUT name=bt1 type="button" value="单击这里" onclick='msgbox "欢迎使用代码实现浏览器的
动态效果！"' language="vbscript">
</BODY>
</HTML>
```

11.2.5 【实战演练】——人寿保险网页

使用"项目列表"按钮，创建无序列表；使用"属性"面板，创建空白链接；使用"CSS 样式"命令，控制超链接的显示状态制作导航条效果。最终效果参看云盘中的"Ch11 > 效果 > 人寿保险网页 > index.html"，如图 11-28 所示。

微课：人寿保险网页

图 11-28

11.3　综合演练——活动详情网页

11.3.1 【案例分析】

为了更好地销售产品，提升用户的满意度，需要一个签到送礼的网页。网页设计要求结构简洁，主题明确，具有亲和力，能突出其活动内容。

11.3.2 【设计理念】

使用简洁而具有亲和力的背景，更好地突出画面中心的文字内容。主标题和活动信息搭配得当，简洁明确的白色标题文字清晰醒目，让人一目了然。整个页面简洁工整，充分体现了活动内容。

11.3.3 【知识要点】

使用"页面属性"命令，添加页面标题；使用"插入标签"命令，制作浮动框架效果。最终效果参看云盘中的"Ch11 > 效果 > 活动详情网页 > index.html"，如图 11-29 所示。

微课：活动详情网页

图 11-29

11.4　综合演练——消防在线网页

11.4.1 【案例分析】

消防员的职责主要有消灭火灾、抢救灾害、消防安全设施稽查与消防安全知识宣传等，同时也参与救护工作。页面设计要求表现出行业特征。

11.4.2 【设计理念】

将页面的背景设计为纯色，很好地突出主体内容。导航栏具有设计感，能够使浏览者清晰明了地找到需要的信息内容。右下方的消防元素点明网站的作用，网页整体设计大气严谨，符合行业特征。

11.4.3 【知识要点】

使用"项目列表"按钮，创建项目列表；使用"属性"面板，创建空连接；使用"CSS 样式"命令，制作导航条效果。最终效果参看云盘中的"Ch11 > 效果 > 消防在线网页 > index.html"，如图 11-30 所示。

微课：消防在线网页

图 11-30

12

第 12 章
综合设计实训

本章的综合设计实训案例，是根据网页设计项目的真实情境来训练学生如何利用所学知识完成网页设计项目。通过多个网页设计项目案例的演练，使学生进一步牢固掌握 Dreamweaver CS6 的强大操作功能和使用技巧，并应用所学技能制作出专业的网页设计作品。

案例类别

- ✓ 个人网页
- ✓ 游戏娱乐网页
- ✓ 旅游休闲网页
- ✓ 房产网页
- ✓ 文化艺术网页

12.1　个人网页——张美丽的个人网页

12.1.1　【项目背景及要求】

1. 客户名称

张美丽。

2. 客户需求

张美丽是一名动画设计师，为了认识更多的朋友，并分享自己的见闻，需要制作个人网站，网站内容包括个人基本资料、日志、相册、留言等版面，内容丰富，体现出女生活泼可爱的特点。

3. 设计要求

（1）网页要体现青春、活泼的风格。

（2）网页的色彩搭配明快丰富。

（3）网页设计分类明确，注重细节的修饰。

（4）页面使用动画图案装饰，体现其个人特色。

（5）页面规格为 950 像素（宽）×780 像素（高）。

12.1.2　【项目创意及制作】

1. 设计素材

图片素材所在位置：云盘中的 "Ch12 > 素材 > 张美丽的个人网页 > images"。

文字素材所在位置：云盘中的 "Ch12 > 素材 > 张美丽的个人网页 > text > 文本文档"。

2. 设计作品

设计作品效果参照云盘中的 "Ch12 > 效果 > 张美丽的个人网页 > index.html" 文件，如图 12-1 所示。

图 12-1

微课：张美丽的
个人网页

3. 步骤提示

步骤❶ 按 Ctrl+N 组合键，新建一个空白页面，并将其保存。按 Ctrl+J 组合键，在弹出的 "页面属性" 对话框中，设置页面的字体大小、背景图像、页面边距及页面标题等，效果如图 12-2 所示。

步骤② 单击"插入"面板"常用"选项卡中的"表格"按钮 ⊞，在弹出的"表格"对话框中设置，单击"确定"按钮，完成表格的插入。保持表格的选取状态，在"属性"面板的"对齐"下拉列表中选择"居中对齐"选项。设置单元格的属性，效果如图12-3所示。

图12-2   图12-3

步骤③ 在第1行单元格中插入一个1行13列的表格，设置各单元格的宽度，效果如图12-4所示。将光标置入刚插入表格的第1列单元格中，单击"插入"面板"常用"选项卡中的"图像"按钮 ▣·，在弹出的"选择图像源文件"对话框中选择云盘目录下"Ch12 > 素材 > 张美丽的个人网页 > images"文件夹中的"logo.jpg"文件，单击"确定"按钮，完成图片的插入。用相同的方法在其他单元格中插入图像并输入文字，效果如图12-5所示。

图12-4   图12-5

步骤④ 选择"窗口 > CSS样式"命令，弹出"CSS样式"面板，单击面板下方的"新建CSS规则"按钮 🗗，在弹出的"新建CSS规则"对话框中进行设置，如图12-6所示，单击"确定"按钮，弹出".biao1的CSS规则定义"对话框，在左侧的"分类"列表框中选择"背景"选项，单击"Background-image"选项右侧的"浏览"按钮，在弹出的"选择图像源文件"对话框中选择云盘目录下"Ch12 > 素材 > 张美丽的个人网页 > images"文件夹中的"bg2.jpg"文件，单击"确定"按钮，如图12-7所示。

图12-6   图12-7

步骤⑤ 在左侧的"分类"列表框中选择"边框"选项，在"Style"下拉列表中选择"solid"选项，"Width"设为2，"Color"设为浅红色（#e7d9d8），如图12-8所示。

步骤⑥ 在主表格的第3行单元格中插入一个1行2列的表格，并应用样式"biao1"，效果如图12-9所示。

图 12-8　　　　　　　　　　　　　　　　　　　　　图 12-9

步骤⑦ 将光标置入刚插入表格的第 1 列单元格中，在"属性"面板中，将"宽"设为 294。在单元格中插入一个 6 行 1 列的表格，并设置单元格的相关属性，效果如图 12-10 所示。

步骤⑧ 将光标置入刚插入表格的第 2 行单元格中，在单元格中输入文字，插入文本字段、按钮，并设置相应的属性，效果如图 12-11 所示。用相同的方法在其他单元格中输入文字，插入文本字段及按钮，并设置相应的属性，效果如图 12-12 所示。

图 12-10　　　　　　　　　　图 12-11　　　　　　　　　　图 12-12

步骤⑨ 将光标置入第 2 列单元格中，插入图像并在"代码"视图中设置相应的边距，效果如图 12-13 所示。将光标置入主表格的第 4 行单元格中，在"属性"面板中，将"高"设为 40。

步骤⑩ 将光标置入主表格的第 5 行单元格中，在"属性"面板的"目标规则"下拉列表中选择"<新内联样式>"选项，将"字体"设为"Arial, Helvetica, sans-serif"，"大小"设为 15，"Color"设为白色，"背景颜色"设为深灰色（#494342），"高"设为 40，在单元格中输入文字。

步骤⑪ 保存文档，按 F12 键预览效果，如图 12-14 所示。

图 12-13　　　　　　　　　　　　　　　　　　　　图 12-14

12.2 游戏娱乐网页——娱乐星闻网页

12.2.1 【项目背景及要求】

1. 客户名称

娱乐星闻娱乐有限公司。

2. 客户需求

娱乐星闻娱乐有限公司是一家服务于中国及全球华人社群的网络媒体公司，目前特推出全新的娱乐新闻网页，网页内容主要是娱乐新闻以及明星的最新动态，网页要求具有时尚性与内容多元化。

3. 设计要求

（1）围绕网页特色，在网页上充分体现休闲娱乐的主题。

（2）网页分类明确，便于用户浏览搜索。

（3）网页的主题颜色以黑白灰搭配设计，增强画面质感。

（4）设计具有时代感和现代风格，新颖独特。

（5）页面规格为980像素（宽）×1013像素（高）。

12.2.2 【项目创意及制作】

1. 设计素材

图片素材所在位置：云盘中的"Ch12 > 素材 > 娱乐星闻网页 > images"。

文字素材所在位置：云盘中的"Ch12 > 素材 > 娱乐星闻网页 > text > 文字文档"。

2. 设计作品

设计作品效果参照云盘中的"Ch12 > 效果 > 娱乐星闻网页 > index.html"文件，如图12-15所示。

微课：娱乐星闻网页

图 12-15

3. 步骤提示

步骤 ❶ 按 Ctrl+J 组合键，在弹出的"页面属性"对话框中，设置页面的字体大小、背景图像、页面边距等，效果如图 12-16 所示。

步骤② 单击"插入"面板"常用"选项卡中的"表格"按钮▦，在弹出的"表格"对话框中进行设置，单击"确定"按钮，完成表格的插入。保持表格的选中状态，在"属性"面板的"对齐"下拉列表中选择"居中对齐"选项。设置单元格的属性，效果如图 12-17 所示。

图 12-16

图 12-17

步骤③ 将光标置入第 1 行单元格中，在"属性"面板中，将"高"设为 102。单击"插入"面板"常用"选项卡中的"图像"按钮▣·，在弹出的"选择图像源文件"对话框中选择云盘目录下"Ch12 > 素材 > 娱乐星闻网页 > images"文件夹中的"logo.png"文件，单击"确定"按钮，完成图片的插入，效果如图 12-18 所示。

图 12-18

步骤④ 选择"窗口 > CSS 样式"命令，弹出"CSS 样式"面板，单击面板下方的"新建 CSS 规则"按钮，在弹出的"新建 CSS 规则"对话框中进行设置。单击"确定"按钮，在弹出的".bg1 的 CSS 规则定义"对话框中进行设置，如图 12-19 所示。

步骤⑤ 在左侧的"分类"列表框中选择"背景"选项，单击"Background-image"选项右侧的"浏览"按钮，在弹出的"选择图像源文件"对话框中选择云盘目录下"Ch12 > 素材 > 娱乐星闻网页 > images"文件夹中的"dl_bg.jpg"文件，单击"确定"按钮，如图 12-20 所示，再单击"确定"按钮，完成样式的创建。

图 12-19

图 12-20

步骤⑥ 将光标置入第 1 行第 2 列单元格中，插入一个 1 行 3 列的表格，在"属性"面板中设置表格右对齐，应用样式.bg1，并在单元格中输入文字，效果如图 12-21 所示。

步骤⑦ 将主表格的第 2 行合并为 1 列并设置单元格的高度为 30，用相同的方法设置第 3 行单元格，效果如图 12-22 所示。

图 12-21   图 12-22

步骤⑧ 将光标置入主表格的第 2 行单元格中，插入一个 1 行 17 列的表格，在单元格中输入文字，并设置文字的属性，效果如图 12-23 所示。用相同的方法在主表格的第 3 行单元格中，制作的效果如图 12-24 所示。

图 12-23

图 12-24

步骤⑨ 将光标置入主表格第 5 行第 1 列的单元格中，在"属性"面板的"目标规则"下拉列表中选择"body,td,th"选项，将"宽"设为 365，"大小"设为 12，"背景颜色"设为白色。在单元格中插入一个 7 行 1 列的表格，在单元格中输入文字并插入图像，效果如图 12-25 所示。

步骤⑩ 将图像"img.jpg"文件插入第 5 行第 2 列单元格中，效果如图 12-26 所示。

图 12-25   图 12-26

步骤 ⑪ 用上述的方法制作的效果如图 12-27 所示。保存文档,按 F12 键预览效果,如图 12-28 所示。

图 12-27

图 12-28

12.3　旅游休闲网页——篮球运动网页

12.3.1　【项目背景及要求】

1. 客户名称

VBFE 篮球网站。

2. 客户需求

VBFE 是一家著名的网络公司,公司目前想要推出一个以篮球为主要内容的网站,以报道篮球相关最新资讯、篮球赛事转播,以及销售相关产品。网页内容明确,以篮球为主,设计要抓住重点,明确主题。

3. 设计要求

(1)网页风格以篮球运动的活力激情为主。

(2)设计要时尚、简洁、大方,体现网页的质感。

(3)网页图文搭配合理,符合大众审美。

(4)色彩搭配使用红色,体现篮球运动的热情与活力。

(5)网页规格为 986 像素(宽)×1 005 像素(高)。

12.3.2 【项目创意及制作】

1．设计素材

图片素材所在位置：云盘中的"Ch12 > 素材 > 篮球运动网页 > images"。

文字素材所在位置：云盘中的"Ch12 > 素材 > 篮球运动网页 > text > 文字文档"。

2．设计作品

设计作品效果参照云盘中的"Ch12 > 效果 > 篮球运动网页 > index.html"文件，如图 12-29 所示。

微课：篮球运动网页

图 12-29

3．步骤提示

步骤① 按 Ctrl+J 组合键，在弹出的"页面属性"对话框中，设置页面的字体大小、背景图像、页面边距，效果如图 12-30 所示。

步骤② 单击"插入"面板"常用"选项卡中的"表格"按钮，在弹出的"表格"对话框中进行设置，单击"确定"按钮，完成表格的插入。保持表格的选中状态，在"属性"面板的"对齐"下拉列表中选择"居中对齐"选项。设置单元格的属性，效果如图 12-31 所示。

图 12-30

图 12-31

步骤③ 将光标置入第 1 行单元格中，插入一个 1 行 3 列的表格，并设置单元格的属性。将光标置入刚插入表格的第 1 列单元格中，单击文档窗口左上方的"代码"按钮 代码 ，在<td> </td>的标签中输入"<marquee direction="left" behavior="alternate" onmouseover="this.stop()" onmouseout="this.start()"> VBFE 篮球网欢迎您！</marquee>"，如图 12-32 所示。

步骤④ 单击文档窗口左上方的"设计"按钮 设计 ，返回设计视图。将光标置入第 2 列单元格中，输入文字"今天是:"，单击"插入"面板"常用"选项卡中的"日期"按钮 ，在弹出的"插入日期"对话框中进行设置，如图 12-33 所示，单击"确定"按钮，效果如图 12-34 所示。在第 3 列单元格中输入文字。

图 12-32　　　　　　　　　　　　　　图 12-33

步骤⑤ 将光标置入主表格的第 2 行单元格中，插入一个 1 行 2 列的表格。设置单元格的属性，并在单元格中插入图像、表格及输入文字，效果如图 12-35 所示。

图 12-34

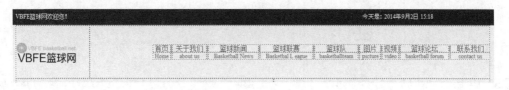

图 12-35

步骤⑥ 将光标置入主表格的第 3 行单元格中，插入一个 2 行 2 列的表格。将第 1 列单元格合并，并设置单元格属性。在单元格中插入图像，效果如图 12-36 所示。

步骤⑦ 选择"窗口 > CSS 样式"命令，弹出"CSS 样式"面板，单击面板下方的"新建 CSS 规则"按钮 ，在弹出的"新建 CSS 规则"对话框中进行设置。单击"确定"按钮，在弹出的".biao1 的 CSS 规则定义"对话框中进行设置，如图 12-37 所示。单击"确定"按钮，完成样式的创建。

图 12-36　　　　　　　　　　　　　　图 12-37

步骤 ⑧ 将光标置入第 2 行第 2 列单元格中，插入一个 1 行 1 列的表格。保持表格的选中状态，在"属性"面板的"类"下拉列表中选择"biao1"选项，应用样式。将光标置入单元格中，在"属性"面板中，将"高"设为 131，效果如图 12-38 所示。

步骤 ⑨ 在单元格中插入一个 3 行 1 列的表格，在刚插入表格的单元格中输入文字，并设置文字的属性，效果如图 12-39 所示。

图 12-38   图 12-39

步骤 ⑩ 将光标置入主表格的第 4 行单元格中，单击"插入"面板"常用"选项卡中的"图像"按钮，在弹出的"选择图像源文件"对话框中选择云盘目录下"Ch12 > 素材 > 篮球运动网页 > images"文件夹中的"1108.jpg"文件，单击"确定"按钮，完成图片的插入。保持图像的选中状态，单击文档窗口左上方的"代码"按钮 代码，在"代码"视图"alt=""""的后面输入"hspace="25""，如图 12-40 所示。

```
117    <tr>
118        <td height="250" align="center"><img
src="images/1108.jpg" width="113" height=
"135" alt="" hspace="25"/></td>
119    </tr>
```

图 12-40

步骤 ⑪ 单击文档窗口左上方的"设计"按钮 设计，返回"设计"视图。用相同的方法将图像"1109.jpg""1111.jpg""1201.jpg""1203.jpg""1206.jpg"插入单元格中，并设置水平边距属性，效果如图 12-41 所示。

图 12-41

步骤 ⑫ 用上述的方法制作图 12-42 所示的效果。

图 12-42

步骤 ⑬ 保存文档，按 F12 键预览效果，如图 12-43 所示。

图 12-43

12.4　房产网页——焦点房产网页

12.4.1　【项目背景及要求】

1. 客户名称

焦点房产有限责任公司。

2. 客户需求

焦点房产是一家集房地产开发、物业管理、商品房销售等全方位业务的房地产公司。公司为迎合市场需求，扩大知名度，需要制作网站。网页设计要求厚重沉稳，并且细致精美，体现企业的高端品质。

3. 设计要求

（1）设计风格要求高端大气，制作精良。

（2）网页设计使用深绿色的背景，深沉的色彩表现出页面质感。

（3）网页围绕房产的特色进行设计搭配，分类明确细致。

（4）整体风格沉稳大气，表现出企业的文化内涵。

（5）网页规格为 1 000 像素（宽）×842 像素（高）。

12.4.2　【项目创意及制作】

1. 设计素材

图片素材所在位置：云盘中的"Ch12 > 素材 > 焦点房产网页 > images"。

文字素材所在位置：云盘中的"Ch12 > 素材 > 焦点房产网页 > text > 文字文档"。

2. 设计作品

设计作品效果参照云盘中的"Ch12 > 效果 > 焦点房产网页 > index.html"文件，如图 12-44 所示。

微课：焦点房产网页

图 12-44

3. 步骤提示

步骤 ① 按 Ctrl+J 组合键，在弹出的"页面属性"对话框中，设置页面的字体大小、颜色、背景颜色及页面边距等，效果如图 12-45 所示。

步骤 ② 单击"插入"面板"常用"选项卡中的"表格"按钮，在弹出的"表格"对话框中进行设置，单击"确定"按钮，完成表格的插入。保持表格的选中状态，在"属性"面板的"对齐"下拉列表中选择"居中对齐"选项。设置单元格的属性，效果如图 12-46 所示。

图 12-45

图 12-46

步骤 ③ 将光标置入第 1 行单元格中，在"属性"面板的"水平"下拉列表中选择"右对齐"选项。在单元格中插入一个 1 行 3 列的表格，设置单元格的属性并在单元格中输入文字，效果如图 12-47 所示。

步骤 ④ 将光标置入第 2 行单元格中，在"属性"面板的"水平"下拉列表中选择"居中对齐"选项，单击"插入"面板"常用"选项卡中的"图像"按钮，在弹出的"选择图像源文件"对话框中选择云盘目录下"Ch12 > 素材 > 焦点房产网页 > images"文件夹中的"logo.jpg"文件，单击"确定"按钮，完成图片的插入，效果如图 12-48 所示。

图 12-47

图 12-48

步骤 ⑤ 用上述方法在其他单元格中插入表格、图像和文字，并设置文字的显示样式，效果如图 12-49 所示。保存文档，按 F12 键预览效果，如图 12-50 所示。

图 12-49

图 12-50

12.5　文化艺术网页——书法艺术网页

12.5.1　【项目背景及要求】

1. 客户名称

青竹书法网。

2. 客户需求

青竹书法网是以书法资讯、书家机构推介、作品展示及交易和业内交流为主要服务项目的书法综合性网站。为了扩大网站的知名度，网站需要重新设计，设计要求表现书法特色，使人一目了然。

3. 设计要求

（1）网页设计要体现中国书法文化的元素，增强网页的文化氛围。

（2）页面要大气，信息排列合理恰当。

（3）网页的背景颜色使用沉稳的颜色衬托主要信息。

（4）在网页的设计上全面体现传统文化。

（5）网页规格为 1 003 像素（宽）×919 像素（高）。

12.5.2　【项目创意及制作】

1．设计素材

图片素材所在位置：云盘中的"Ch12 > 素材 > 书法艺术网页 > images"。

文字素材所在位置：云盘中的"Ch12 > 素材 > 书法艺术网页 > text > 文字文档"。

2．设计作品

设计作品效果参照云盘中的"Ch12 > 效果 > 书法艺术网页 > index.html"文件，如图 12-51
所示。

微课：书法艺术网页

图 12-51

3．步骤提示

步骤① 按 Ctrl+N 组合键，新建一个空白页面，并将其保存。按 Ctrl+J 组合键，在弹出的"页面属
性"对话框中，设置页面的字体大小、字体颜色、背景图像、页面边距等，如图 12-52 所示。单击"确
定"按钮，页面效果如图 12-53 所示。

图 12-52

图 12-53

步骤② 单击"插入"面板"常用"选项卡中的"表格"按钮，在弹出的"表格"对话框中进行设
置，单击"确定"按钮，完成表格的插入。保持表格的选中状态，在"属性"面板的"对齐"下拉列
表中选择"居中对齐"选项。

步骤 ③ 将光标置入第 1 行单元格中，在"属性"面板的"水平"下拉列表中选择"居中对齐"选项，将"高"设为 63，"背景颜色"设为褐色（#7d4800），效果如图 12-54 所示。在单元格中插入一个 1 行 6 列的表格，并在单元格中输入文字，效果如图 12-55 所示。

图 12-54

图 12-55

步骤 ④ 选择"窗口 > CSS 样式"命令，弹出"CSS 样式"面板，单击面板下方的"新建 CSS 规则"按钮 ⊞，在弹出的"新建 CSS 规则"对话框中进行设置。单击"确定"按钮，在弹出的".text 的 CSS 规则定义"对话框中进行设置，如图 12-56 所示。单击"确定"按钮，完成样式的创建。

步骤 ⑤ 选中文字"首页"，在"属性"面板的"类"下拉列表中选择"text"选项，应用样式，效果如图 12-57 所示。用相同的方法为其他文字应用"text"样式，效果如图 12-58 所示。

图 12-56

图 12-57

图 12-58

步骤 ⑥ 将光标置入文字"首页"的前面，如图 12-59 所示。单击"插入"面板"常用"选项卡中的"图像"按钮 ▣・，在弹出的"选择图像源文件"对话框中选择云盘目录下"Ch12 > 素材 > 书法艺术网页 > images"文件夹中的"s.jpg"文件，单击"确定"按钮，完成图片的插入。保持图片的选中状态，单击文档窗口左上方的"代码"按钮 代码 ，在"代码"视图"height="21""的后面输入"align="top""，如图 12-60 所示。单击文档窗口左上方的"设计"按钮 设计 ，返回设计视图，效果如图 12-61 所示。

图 12-59   图 12-60   图 12-61

步骤⑦ 将光标置入第 2 行单元格中，在"属性"面板的"水平"下拉列表中选择"居中对齐"选项，将"高"设为 617，"背景颜色"设为褐色（#7d4800）。单击"插入"面板"常用"选项卡中的"图像"按钮 ，在弹出的"选择图像源文件"对话框中选择云盘目录下"Ch12 > 素材 > 书法艺术网页 > images"文件夹中的"img.jpg"文件，单击"确定"按钮，完成图片的插入，如图 12-62 所示。

步骤⑧ 用上述方法制作如图 12-63 所示的效果。

图 12-62   图 12-63

步骤⑨ 选择"窗口 > 行为"命令，弹出"行为"面板，单击面板中的"添加行为"按钮 ，在弹出的菜单中选择"弹出信息"命令，在弹出的"弹出信息"对话框中进行设置，如图 12-64 所示。

步骤⑩ 保存文档，按 F12 键预览效果，如图 12-65 所示。

图 12-64   图 12-65